走进化学世界丛书

有趣的化学实验

YOUQU DE HUAXUE SHIYAN

○ 创意新颖
○ 主题热门
○ 图文并茂

本书编写组◎编

ZOUJIN HUAXUE SHIJIE CONGSHU

U0783187

世界图书出版公司
广州·北京·上海·西安

图书在版编目（CIP）数据

有趣的化学实验／《有趣的化学实验》编写组编著
. —广州：广东世界图书出版公司，2010.2 （2024.2 重印）
ISBN 978 - 7 - 5100 - 1632 - 5

Ⅰ. ①有… Ⅱ. ①有… Ⅲ. ①化学实验 - 青少年读物
Ⅳ. ①O6 - 3

中国版本图书馆 CIP 数据核字（2010）第 024720 号

书　　名	有趣的化学实验	
	YOUQU DE HUAXUE SHIYAN	
编　　者	《有趣的化学实验》编写组	
责任编辑	吴怡颖	
装帧设计	三棵树设计工作组	
出版发行	世界图书出版有限公司　世界图书出版广东有限公司	
地　　址	广州市海珠区新港西路大江冲 25 号	
邮　　编	510300	
电　　话	020-84452179	
网　　址	http://www.gdst.com.cn	
邮　　箱	wpc_gdst@163.com	
经　　销	新华书店	
印　　刷	唐山富达印务有限公司	
开　　本	787mm×1092mm　1/16	
印　　张	10	
字　　数	120 千字	
版　　次	2010 年 2 月第 1 版　2024 年 2 月第 11 次印刷	
国际书号	ISBN　978-7-5100-1632-5	
定　　价	48.00 元	

前　言
PREFACE

　　"化学"，顾名思义就是"变化的科学"。它是一门以实验为基础的研究物质的组成、结构、性质以及变化规律的自然科学。世界是由物质组成的，化学则是人类用以认识和改造物质世界的主要方法和手段之一，它是一门历史悠久而又富有活力的学科，它与人类进步和社会发展的关系非常密切。

　　从远古到公元前 1500 年，人类学会在熊熊的烈火中由黏土制出陶器、由矿石烧出金属，学会从谷物酿造出酒、给丝麻等织物染上颜色，这些都是在实践经验的直接启发下经过长期摸索而形成的最早的化学工艺。

　　约从公元前 1500 年到公元 1650 年，化学被炼丹术、炼金术所控制。为求得长生不老的仙丹或象征富贵的黄金，炼丹家和炼金术士们开始了最早的化学实验。炼丹炼金士的指导思想是深信物质能转化，试图在炼丹炉中人工合成金银或修炼长生不老的仙丹。他们有目的的将各类物质搭配烧炼，进行实验。为此涉及了研究物质变化用的各类器具，如升华器、蒸馏器、研钵等，也创造了各种实验方法，如研磨、混合、溶解、洁净、灼烧、熔融、升华、密封等。同时也分类研究了各种物质的性质，特别是相互反应的性能。这些都为近代化学的产生奠定了基础。炼丹家在实验过程中发明了火药，发现了若干元素，制出和提纯了许多化合物，这些成果至今仍为我们所用。

　　从 1650 年至 1775 年就到了燃素化学时期，这是近代化学的孕育时期。随着冶金工业和实验室经验的积累，人们总结感性知识，进行化学变化的理论研究，使化学成为自然科学的一个分支。这一阶段开始的标志是英国化学家波义耳通过实验为化学元素确定科学的概念。在燃素说流行的一百多年间，化学家为解释各种现象，做了大量的实验，发现多种气体的存在，积累了更多关于物质转化的新知识。

　　从 1775 年到 1900 年，是近代化学发展的时期。1775 年前后，法国化学家拉瓦锡用定量化学实验阐述了燃烧的氧化学说，开创了定量化学时期，使化学沿着正确的轨道发展。19世纪初，英国化学家道尔顿提出近代原子学说，接着意大利科学家阿伏加德罗提出分子概念。自从用原子—分子论来研究化学，化学才真正被确立为一门科学。

科学相互渗透时期是从20世纪初开始的，这是现代化学时期。化学与其他学科的交叉与渗透，产生了很多边缘学科，如生物化学、地球化学、宇宙化学、海洋化学、大气化学等等，使得生物、电子、航天、激光、地质、海洋等科学技术迅猛发展。

可以说，化学发展的历史就是一部化学实验的历史，正是无数化学家的艰辛实验和不断探索使化学越来越适应人类的需要，保证人类的生存并不断提高人类的生活质量。例如：利用化学生产化肥和农药，以增加粮食产量；利用化学合成药物，以抑制细菌和病毒；利用化学开发新能源、新材料，以改善人类的生存条件；利用化学综合应用自然资源和保护环境，以使人类生活得更加美好。

本书列举的是一些有趣的化学小实验，简单易行，你也可以动手做，在实验中感受化学的千变万化，体验化学神奇独特的魅力。

Contents

目 录

让你知物明理的化学实验

让你乐在其中的系列实验

让你学会用化学实验器具

让你大开眼界的化学实验

RANGNI DAKAIYANJIE DE HUAXUE SHIYAN

夜晚，漫天的星星眨着眼睛，美丽而可爱，引人遐思神往，其实你也可以在室内创造出一个星光闪烁的世界，体会一下造物主的自豪；

在花丛中翩翩起舞的蝴蝶，色彩斑斓，让人赏心悦目，其实你身在家中也可以拥有几只专门为你跳舞的蝴蝶；

$1+1=2$，从数学上来讲，这是不容置疑的，但是，你也可以让它有不等的时候，并且还没有人说你错了；

元宵佳节，人们为了庆祝节日会燃放各种焰火，形式多样，五彩缤纷，光耀夺目，给节日增添了愉快而热烈的气氛，其实你在家中也可以感受烟花燃放时色彩缤纷的感觉。

要实现以上愿望并不难，只要做一个小小的化学实验就可以办到。

▌▌▌ 星光闪烁

夜晚，暮色的天空宛如黑绸缎，其间零零散散的"珍珠"熠熠生辉。这些一闪一闪的"珍珠"不用说大家也能猜到是什么。对，是星星。星星美丽的光辉，其实，我们也能拥有。

如果你在晚间，在桌子上放一支点燃的蜡烛，然后用小茶匙盛取小半匙铝粉或镁粉，把它撒在火焰上。这时，你就可以看到有夺目闪烁的白色星光出现。

它的化学原理是什么呢?

当把金属粉末撒在火焰上的时候，因为铝粉或镁粉与空气的接触面很大，而且体积很小，容易被火焰灼热，所以能和空气中的氧进行化合，生成各种粉末状的金属氧化物。

化学反应所产生的热量再使这些氧化物的温度进一步升高，达到了白热程度，于是便出现了耀眼的亮光。但是，金属粉末在氧化时被热气流冲开了，而且金属粉末也不是同一时间内落在火焰上燃烧的，所以亮光四溅，一闪一闪，好像星光在飞舞。如果点燃的是金属镁条，就可以得到白炽的连续亮光。

正因为金属粉末在燃烧时能发出耀眼的光亮来，其中铝粉或镁粉所产生的光亮又特别夺目，所以铝和镁被广泛地用来制造各种闪光光源。例如，娱乐用的焰火等，都常常利用铝粉或镁粉来产生强烈的白光。

固体在受到强热时会灼烧发光的道理，同样适用于其他燃烧现象。常可用来加强灯的亮度。例如，普通的煤油灯的火焰，是不怎么亮的，但是汽油灯就能发出极为明亮的光。这是由于在它那特制的纱罩上，含有很多金属钍的化合物的小颗粒，灼烧后就能发出强烈的光。

下面给大家介绍几个实验。在这几个实验中，这些化学物质在不同的条件下，同样可以发出闪烁星光。

实验一：高锰酸钾"遭遇"硫酸

【实验用品】大试管、铁架台（带铁夹）、药匙、小漏斗、浓硫酸、酒精、高锰酸钾。

【实验步骤】

在一个大试管里，加入1/3体积的浓硫酸，然后沿着试管内壁缓缓加入1/3浓硫酸体积的酒精（这时，因酒精的密度比浓硫酸的密度小，可见两液体之间有一个明显的界面）。演示时，用药匙取少量高锰酸钾粉末放入试管中，很快即可观察到两液界面上断续发出耀眼的白光，并不断伴有清脆的炸裂声。为了安全，可在试管口上方夹持一个有一定角度的漏斗，以防一些具有腐蚀性的液体从试管里飞溅出来。

【实验分析】

1. 粉末状的高锰酸钾与浓硫酸相遇，立即反应生成绿色油状的高锰酸酐

（Mn_2O_7）。它在273K以下是稳定的，在常温下即会爆炸分解生成 MnO_2、O_2、Mn_2O_7，有极强的氧化性，一遇有机物就发生燃烧。

2. 实验很适合在暗处观察。因实验过程中发出的白光，在暗处会更明显。

3. 实验过程中，可以不时补充一些高锰酸钾粉末，持续时间可长达半小时以上。实验自始至终都应注意安全，除了装置上加放一个斜的漏斗防止废液飞溅之外，最后拆卸仪器、处理废液、洗涤试管的过程中，都应注意安全。

实验二：闪烁的白磷

【实验用品】试管（$\varphi 30 \times 110$ 毫米）、500毫升烧杯、分液漏斗、铁架台（带铁夹）、镊子、氯酸钾、白磷、浓硫酸。

【实验步骤】

1. 在一个大试管里加入3/4容积的水，然后加入约8克固体氯酸钾，在氯酸钾层的上面，放置绿豆粒大小的两粒白磷，把试管浸入盛水的大烧杯中并固定在铁架台上。在分液漏斗里加入浓硫酸，把分液漏斗插进盛有水、氯酸钾和白磷的试管中，使漏斗的下口和白磷接触。

2. 扭开分液漏斗的活塞，使浓硫酸缓慢滴在白磷上（不要加入太快），可以观察到水下闪烁着火花，同时还可听到水下的混合物发出爆裂声。

【实验分析】

1. 这里引燃白磷所需要的氧气和热量是靠水下的氯酸钾和浓硫酸之间的反应供给的。浓硫酸与氯酸钾发生下列的化学反应：

$$KClO_3 + H_2SO_4 === KHSO_4 + HClO_3$$

由于溶液中有浓硫酸存在，氯酸将加速分解并放热：

$$3HClO_3 === HClO_4 + H_2O + 2ClO_2$$

生成的二氧化氯溶于硫酸使溶液呈淡黄绿色，二氧化氯不稳定易分解：

$$2ClO_2 === Cl_2 + 2O_2$$

所以当浓硫酸跟氯酸钾接触时，有氧气和氯气产生，同时有热量放出，达到了白磷的燃点，导致了白磷在水中剧烈氧化而燃烧起火。

2. 氯酸钾与白磷接触形成一种十分危险的爆炸物，因此必须注意安全。本实验一定要让氯酸钾在水中形成一层后再放入白磷，切不可把白磷放在氯酸钾上再加入水。

3. 实验完毕，如果取用的白磷没有全部反应完，必须用镊子小心取出，在通风橱内使它燃烧掉。禁止用手直接去取。

4. 该实验也可用大试管和移液管进行。方法是：在一个大试管里，加入 4~5 克氯酸钾的固体，沿试管口内壁缓缓加入约为试管体积 1/2 的水，然后投入黄豆样大小的一块白磷。将试管夹持在铁架台上。然后用移液管吸取浓硫酸，将浓硫酸直接移放到试管底部。当浓硫酸跟氯酸钾、白磷接触时，水下不断闪烁耀眼的火光，同时还能听到从水底发出的炸裂声。

日常生活和工作中，"星光闪烁"的现象还是很多的，它们的化学原理都是类似的。只要大家做个用心的发现者，仔细观察，慢慢琢磨，就会发现这其中的奥妙。

实验三：钢花四溅

【实验用品】铁坩埚、铁架台、铁圈、泥三角、酒精灯、玻璃棒、玻璃片、还原铁粉、木炭粉、高锰酸钾粉末。

【实验步骤】

1. 取等量（1~2 药匙）的铁粉、木炭粉、高锰酸钾粉放在玻璃片上混合均匀，将混合物移入铁坩埚中，用酒精灯加热。

2. 加热一段时间，坩埚内开始有火花放出。这时移开酒精灯停止加热，坩埚里反应仍猛烈进行，一束束火花迸射出来。若在黑暗处进行实验，看到耀眼的火星四射，非常好看。

【实验分析】

1. 铁粉、木炭粉都能在氧气中燃烧；在加热条件下高锰酸钾分解放出氧气：

$$2KMnO_4 \xrightarrow{\Delta} K_2MnO_4 + MnO_2 + O_2\uparrow$$

木炭粉、铁粉的燃烧反应：

$$C + O_2 \xrightarrow{点燃} CO_2$$

$$3Fe + 2O_2 \xrightarrow{点燃} Fe_3O_4$$

碳燃烧生成的二氧化碳将炽热的铁火星带出，铁又在氧气中燃烧，形成一束束火花迸射出来。

碳和铁的燃烧都是放热反应，只要反应一旦发生，放出的热量就可使高锰酸钾不断分解，燃烧反应就可一直猛烈进行下去。

2. 木炭和高锰酸钾一定要研成细粉（研磨时两种物质必须分开，不能混在一起），铁粉要用未被氧化的还原铁粉。

3. 为提高兴趣，可在混合物中掺入少量钙、锶、铜等的硝酸盐，利用它们燃烧时的焰色反应会在一束束"钢花"中夹杂着红色、绿色的火焰。

硫　酸

硫酸，化学式为 H_2SO_4。无色澄清油状液体，无气味，能与水和乙醇混溶，并放出大量热而猛烈溅开。暴露空气中迅速吸收水分，也能夺取有机物如糖、纸、布、木等中的水分子而使其碳化变黑。无水酸在10℃、98%酸在3℃时凝固。在340℃时分解为三氧化硫和水。相对密度约1.84，沸点约290℃，有强腐蚀性。

硫酸是实验室广泛使用的试剂，可使分析物质变为可溶性状态，是钡、锶和铅的沉淀剂，能取代硅酸和挥发性酸，用于干燥器和熔点测定仪、有机分析和合成中吸收水分、磺化反应、缩合反应、与硝酸混合用于硝化反应。

硫酸是基本化学工业中重要产品之一。它不仅作为许多化工产品的原料，而且还广泛地应用于其他的国民经济部门。

炫目烟火

节日的夜晚，为了欢度佳节，人们点放各种焰火，形式多样，颜色各异，五彩缤纷，光耀夺目，使节日增添了愉快而热烈的气氛。

那么，焰火为什么会有各种各样的颜色呢？原来焰火的各种颜色是与焰火的组成中含有不同金属盐类有关。这些盐类的金属离子具有不同的结构和电子排列，在较高的温度下，金属离子的核外电子，各自在获得所需的能量后，能从原来的轨道跳到更远的轨道上，这种现象叫"激发"。当处于不同激发状态的电子恢复到原来状态时，就以不同波长的光波把能量放出。由于各种金属盐发射出来的光线的波长不同，所以光的颜色也不同。在可见光范围内，波长最长的是红光，其次是橙、黄、绿、青和蓝光，波长最短的是紫光。例如，锶盐能发出红光，波长比较长；钠盐发出黄光，波长就比较短；钡盐

烟 花

发出绿光，波长更短；钾盐发出紫光比钡盐的波长还要短一些。焰火就是利用各种不同的金属盐类，在灼热时能发出不同颜色光芒的原理制成的。

为了保证各种焰火既要容易着火，又要避免在制造时发生燃烧或者爆炸事故，所以必须在注意保持焰火干燥的同时，一定要严格遵守这个操作顺序：各种金属盐分别研成焰火后，再进行混合。如果混合后再研磨，摩擦所放出的热就可能使焰火着火燃烧，发生烧伤事故。

药料配制完毕，立即放在毛边纸或草纸上卷紧，然后用线扎牢，挂在细长的木棒或竹竿上。手持木棒，点燃纸卷下方。待研磨好的药料烧着时，便会发出各种色彩的灿烂光芒。

如果只用一组药料，配成的只是单色焰火。如根据需要选择各组单色焰火的药料进行混合，就能得到五彩绚丽的焰火。

在节日所见到的那种大型焰火，是由专门的发射装置将它送到空中去的。

各种金属盐类灼热时发出的光，不仅在制造瑰丽的焰火时要用到，人们还把它们装在子弹或炮弹里，制成红、绿、黄、白等颜色的信号弹。

在化学实验室里，人们还经常利用各种矿物灼烧时所发出的不同颜色的火焰，来判断矿石里到底含有些什么金属。

信号弹

【实验用品】氯酸钾、硫粉、木炭粉、硝酸锶、硝酸钡、镁粉、蔗糖、细铁粉、硝酸钠、浓硫酸。

【实验步骤】

1. 红色焰火的制作：氯酸钾 4 份、硫粉 11 份、木炭粉 2 份、硝酸锶 33

份，分别研碎混合后用纸卷紧，外边用麻线扎紧，装好点燃引线（引线用氯酸钾和白糖的混合物用薄绵纸卷成，放在上述混合物一端共同卷紧）。将卷好的焰火挂在木棍上，点燃即可显出红色焰火。

2. 绿色焰火的制作：氯酸钾 9 份、硫粉 10 份、硝酸钡 31 份，分别研碎按上述方法制成，点燃后可发出绿色火焰。

3. 蓝色焰火的制作：氯酸钾 7 份、硫粉 5 份、硝酸钾 7 份、蔗糖 2 份。分别研碎按上述方法制成，点燃后可发出蓝色火焰。

【实验分析】

1. 实验原理：Sr^{2+} 的焰色反应为深红色。硫粉、木炭粉燃烧产生高温使氯酸钾分解产生氧气和二氧化碳，也使硝酸锶受热分解，发出深红色随气体喷射而形成红色火焰四处飞溅。

2. 注意事项：（1）上述各种药品必须分开研碎。（2）混合各药品时动作要轻，用纸卷紧时也必须小心。（3）点燃时要注意附近不能有易燃物品。

纸蝶跳舞

花丛边翩翩起舞的蝴蝶非常漂亮，那么，我们能拥有几只专门为自己跳舞的蝴蝶吗？答案是肯定的。

在干净的广口瓶里，盛入半瓶水，瓶口塞上一个有小孔的软木塞，孔里插上一个玻璃漏斗。漏斗管放得高一些，不要和水面接触。

用彩色纸剪成两三只小蝴蝶，再用软木做两三个直径略大于漏斗管孔径的小球，然后在每只蝴蝶的中心粘上一个软木小球，待用。

拔下瓶塞，用小羹匙舀取酒石酸粉末和碳酸氢钠（俗名小苏打）粉末各半匙倒入瓶中，并把瓶塞塞紧。此时，水中立即产生气泡。这是酒石酸

蝴 蝶

和碳酸氢钠作用所放出的二氧化碳气体。放出二氧化碳的速度不急也不缓，相当均匀。

这时，立刻把纸蝶放在漏斗里，就可以看到纸蝶栩栩如生地飞舞起来。这是瓶中的二氧化碳气流冲击纸蝶的结果。

在这些纸蝴蝶中，总有某一只因为受到重力的作用而先下滑，这时黏附在这只纸蝶上的软木小球就把漏斗孔盖住，使瓶内发生的二氧化碳气体一时跑不出来。但是经过几秒钟以后，瓶内的气体积聚多了，压力越来越大，终于把盖住漏斗孔的小球冲开，于是纸蝶就宛如真蝴蝶那样向上飞舞。随后，黏附在另一只纸蝶上的小球（也可能仍旧是原来的那只），又落在漏斗孔上，再次阻住气体的逸出。当瓶内的气体再增多时，又会把这只纸蝶推开。这样，一次、二次……反复地进行，纸蝶在漏斗里忽上忽下不停地运动，看起来就十分像是活蝴蝶在翩翩起舞了。

看来二氧化碳真是无处不在，而且"神通广大"。那么，怎么制取二氧化碳？二氧化碳还有哪些存在的形式呢？

实验室制造二氧化碳：

$$2HCl + CaCO_3 = CaCl_2 + H_2CO_3$$

由于碳酸很不稳定，容易分解：

$$H_2CO_3 = H_2O + CO_2 \uparrow$$

所以 $2HCl + CaCO_3 = CaCl_2 + H_2O + CO_2 \uparrow$

二氧化碳能溶于水，形成碳酸：

$$CO_2 + H_2O = H_2CO_2$$

向澄清的石灰水加入二氧化碳，会形成白色的碳酸钙：

$$CO_2 + Ca(OH)_2 = CaCO_2 \downarrow + H_2O$$

如果二氧化碳过量会有：

$$CaCO_3 + CO_2 + H_2O = Ca(HCO_3)_2$$

二氧化碳会使烧碱变质：

$$2NaOH + CO_2 = Na_2CO_3 + H_2O$$

工业制法：高温煅烧石灰石

$$CaCO_3 \xrightarrow{\text{高温}} CaO + CO_2 \uparrow$$

二氧化碳还有哪些性质呢？接下来这个实验就是介绍二氧化碳性质的简

易实验。

【实验用品】启普发生器、4 个小试管、4 个带导管的双孔橡皮塞、药匙、石灰石、苯酚、石蕊试液、澄清石灰水、2 摩/升氢氧化钠溶液、0.5 摩/升氯化铝溶液、6 摩/升盐酸。

【实验步骤】

把装置连接好，打开启普发生器的活塞，将产生的二氧化碳气体，依次通入试管（1）、（2）、（3）、（4）的溶液中，可以观察到：

试管（1）溶液逐渐生成白色胶状氢氧化铝沉淀。

试管（2）溶液逐渐浑浊。

试管（3）溶液逐渐生成白色碳酸钙沉淀，继续通入二氧化碳又逐渐变澄清。

试管（4）溶液由紫色变成红色。

【实验分析】

1. 装置一定要严密，不能漏气。

2. 本实验使用的二氧化碳发生器

准备好的试管

除启普发生器外，还可以用分液漏斗和烧瓶组成的发生器，二氧化碳气流要大一些，否则达不到后边的试管。

3. 苯酚钠溶液的制备方法是：取 3 毫升水，加入约 1/4 角匙苯酚晶体。加热使之溶解，冷却后苯酚又析出，再滴入氢氧化钠溶液，直到加入最后一滴氢氧化钠溶液恰好使溶液澄清时为止，碱液不可过量。

4. 苯酚对皮肤有强烈的腐蚀性，使用时应小心，如不慎沾到皮肤上，应立即用酒精擦拭。

5. 偏铝酸钠溶液的制备方法是：取 2 毫升氯化铝溶液，滴加氢氧化钠溶液，生成白色胶状沉淀，继续滴加，直到加入最后一滴溶液恰好变澄清（边加边振荡）时为止。注意碱液不可过量太多，否则不易出现沉淀。

在日常生活中，人们时时刻刻都在跟二氧化碳打交道。人类在享受着二氧化碳带来的便利和益处的同时，也在遭受着二氧化碳带来的危害。

现在地球上气温越来越高，全球气候变暖主要是因为二氧化碳增多造成的。因为二氧化碳具有保温的作用，现在这支小部队的成员越来越多，使温度升高，近100年来，全球气温升高0.6℃，照这样下去，预计到21世纪中叶，全球气温将升高1.5℃～4.5℃。

海平面升高，也是二氧化碳增多造成的。近100年来，海平面上升14厘米；到21世纪中叶，海平面将会上升25～140厘米。海平面的上升，将导致亚马孙雨林消失，两极海洋的冰块也将融化。所有这些变化对野生动物而言无异于灭顶之灾。

所以，平时我们的所作所为应该注意到这点，注重环保，让二氧化碳更好地为人类服务，而不是带给人类灾难。

知识点

苏 打

苏打是纯碱，学名碳酸钠，通常为白色粉末。高温下可分解，生成氧化钠和二氧化碳。长期暴露在空气中能吸收空气中的水分及二氧化碳，生成碳酸氢钠（小苏打），并结成硬块。易溶于水，是一种弱酸盐，溶于水后发生水解反应，使溶液显碱性，有一定的腐蚀性。

纯碱主要用于生产玻璃，如平板玻璃、瓶玻璃、光学玻璃和高级器皿；在化学工业中，用于制取钠盐、金属碳酸盐、漂白剂、填料、洗涤剂、催化剂及染料等；在冶金工业中，用来脱除硫和磷，用于选矿及铜、铅、镍、锡、铀、铝等金属的生产；在陶瓷工业中，用于制取耐火材料和釉。此外，工业气体脱硫、工业水处理、金属去脂、纤维素和纸的生产、肥皂制造等也需要纯碱。

人造雪景

下面介绍一种"人造雪景"的简单制造方法。

把空铁罐头的顶盖去掉，在底上铺一层击碎了的樟脑丸。再取一根带有绿色树叶的树枝倒挂在铁罐中，然后把铁罐放在火上渐渐加热。稍过一会儿，一种奇妙的现象出现了：绿色的树叶上积起了"白雪"，树枝也被"白雪"覆盖了。这"白雪"是什么东西？它是怎样得来的呢？

如果闻一下它的气味，你就会发现"白雪"原来是樟脑丸的细粒。再看一看罐底，刚才放在那里的樟脑丸碎片几乎没有了。原来这个奇妙的现象是由樟脑丸经加热变化造成的。

现在市场上供应的樟脑丸并不是用樟脑做的，而是用一种从煤焦油中提炼出来的物

雪景

质——"萘"做成的。通常把这种用萘做成的樟脑丸称为卫生球。萘在常温下是一种白色固体物质，它具有升华的性质。所谓升华就是指一种固体在受热时，可以不经过液体阶段就直接变为气体的现象。反过来，当气体冷却时，它也不经过液体阶段又可直接变为固体。上面的实验现象，便是由萘的升华所造成的：当铁罐加热时，萘便气化成为蒸气；蒸气上升遇到温度较低的枝叶时，又直接冷却凝成白色固体粉末。由于这层粉末是由蒸气骤然冷凝而成的，所以非常细，看起来和雪花差不多。

萘有驱虫作用，在放衣服的箱子里放上几粒卫生球，衣服便不会被虫蛀坏。也许你曾注意到刚从箱子里取出的衣服，往往带有卫生球的气味吧，这就是因为萘的升华作用，在衣服表面上沉积有少量的萘的缘故。只因箱子里的温度比较低，萘的升华速度比较慢，沉积在衣服上的数量极

樟脑丸

少，因此只能闻到气味而不容易观察到它的存在。

萘是呈光亮的片状晶体，具有特殊气味。广泛用作制备染料、树脂、溶剂等的原料，也用作驱虫剂（俗称卫生球或樟脑丸）。

萘的毒性比较大，人体会通过吸入、食入、经皮吸收等途径中毒。

其对人类的健康危害主要是：具有刺激作用，高浓度致溶血性贫血及肝、肾损害。

吸入高浓度萘蒸气或粉尘时，出现眼睛及呼吸道刺激、角膜混浊、头痛、恶心、呕吐、食欲减退、腰痛、尿频、尿中出现蛋白及红白细胞，亦可发生视神经炎和视网膜炎。重者可发生中毒性脑病和肝损害。口服中毒主要引起溶血和肝、肾损害，甚至发生急性肾衰竭和肝坏死。

若是反复接触萘蒸气，可引起头痛、乏力、恶心、呕吐和血液系统损害。可引起白内障、视神经炎和视网膜病变。皮肤接触可引起皮炎。

萘的主要来源是煤焦油。但是，从煤焦油里分离出来的萘，质量很差，总是含有不少的杂质。要使这种粗萘成为合乎一般工业使用规格的精萘，就必须进行精制。通常就是利用升华进行的：把粗萘加热到100℃左右，萘便升华成为气体，而杂质在这个温度内是不会变成气体的。然后把气体状态的萘引到较冷的空室里，使它冷凝成为固体。这种精萘的纯度可高达98.5% ~99.5%。

在工业上或实验室里，我们也可用类似的方法将具有升华性质的碘、硫、有机化合物以及某些稀有金属的化合物进行提纯。

樟脑丸

樟脑丸有天然樟脑丸与合成樟脑丸之分。合成樟脑丸，即含有萘的樟脑丸大多呈白色，气味刺鼻，且沉于水中；而天然樟脑丸则是光滑的呈无色或白色的晶体，气味清香，会浮于水中。用于防虫、防蛀、防霉的天然樟脑丸，原本是从樟树枝叶中提炼出的有芳香味的有机化合物，也用来制药、香料等，医药上用作强心药。

含有萘或对二氯苯的合成樟脑丸则有刺鼻的味道，萘和对二氯苯有毒性，它能引起人体中毒症状，如倦怠、头晕、头痛、腹泻等。目前市面上出售的樟脑丸80%以上均不同程度地含有萘或者对二氯苯。因此选购防蛀剂时一定要注意包装袋上标注的成分，切莫忽视。新生儿衣物不能放樟脑丸，成人的衣服放置了樟脑丸后，拿出来穿以前也要晒一阵子，待萘酚的气味消失后再穿。

水底世界

我们能自己动手，用化学方法，让水中长出奇草异花来，成为一个水下"植物园"，你一定感兴趣吧！

在干净的玻璃缸（或透明的玻璃杯）内，放大半缸水，再加入重量为水重1/4～1/3的硅酸钠（俗称可溶玻璃，其水溶液又称水玻璃），然后用棒搅匀。为了使这座"植物园"布置得逼真有趣，可在缸中撒入一些洗净的砂砾，使之平铺缸底。再向缸中各个位置投入几粒黄豆那样大小的硫酸铜、硫酸镍、硫酸亚钴、硫酸锌等晶体（如果没有硫酸盐，也可用含这些金属离子的其他可溶性盐类代替），待十几分钟后，在缸底砂砾中便渐渐地长出各种形状、不同颜色的枝条来了。有的像树干，有的像海带，有的像珊瑚礁，真是五彩缤纷，绚丽异常。

水下世界

要问水下怎能长出这些东西来？那是化学变化的功能。因为硫酸铜、硫酸镍等都能和硅酸钠作用，生成不溶于水的有特定颜色的硅酸盐。那蓝色的枝条就是硅酸钴，翠绿色的"海带"是由硅酸镍所构成，棕红色的"珊瑚礁"是硅酸铁的特征，玻璃状无色半透明的"海草"则是锌盐、铝盐了。

那又为什么能形成各种不同的形态呢？当把上述颗粒状固体投入含有硅

酸盐的水中后，固体表面开始溶解，并马上和硅酸钠作用，生成了不溶性的呈各种颜色的硅酸盐膜，膜就将硫酸盐颗粒的表面围住。由于生成的硅酸盐的膜很薄，而且膜外的硫酸盐溶液浓度比膜内稀，这样水就向浓度大的膜内渗透。结果把膜胀破，膜内的盐溶液就流出来和硅酸钠接触，又生成新的硅酸盐薄膜。这样周而复始，不断地向上生长。同时，由于各种盐类的溶解度和生长过程中的环境不完全一样，因而长成的形状也就各异。水下"植物园"就是这样形成的。若要长期保存它，只要用虹吸方法边把硅酸钠换出，边加清水，直到硅酸钠全部换成清水为止。

利用硅酸盐生产瓷器的彩绘

利用硅酸盐的这些性质，当然不只是为了做水下"植物园"，利用它生产的各种彩色玻璃在生产、科研和生活等方面都有着不少用处。例如炼钢工人通过工作帽子上所镶的蓝玻璃观察钢水时，就可以避免钢花耀眼的强光刺激眼睛；城市交通信号灯、水上的航标灯、机场的导航灯所用的不同颜色的玻璃罩，可用来帮助指挥车辆、轮船、飞机的安全航驶；各种光学仪器及摄影机常用它来作为有色滤光片。至于在瓷器上形成的光彩夺目、栩栩如生的彩绘，更是大家所熟悉的了。

花变五彩

取一张吸水性比较好的白纸，在二氯化钴浓溶液中浸透后，取出晾干。反复浸两三次，直到白纸变成粉红色为止。用它做成几朵花。

另取一张质地相同的白纸，按照与上述相同的方法放在氯化铜浓溶液中浸两三次，干燥后，就变成草绿色。用它做成叶子。

然后，把这些花和叶子扎在一起，做成红花绿叶的花束。再配以其他的装饰物，一件精美的工艺品就完成了。

这花束和普通的纸花不同。如果用一支点燃的蜡烛（或者其他灯火）把花束稍微烤热，红色的花就会渐渐变成蓝色，绿色的叶子也会变成苍黄色，好像完全成了另外一种花朵似的。这时候如果随即向花束呵几口气，或者向花束喷洒一些水雾，蓝色的花仍然可以重新变成红色，绿叶也再度出现了。

变色花

花为什么会变色？这是因为氯化铜和二氯化钴晶体都是含结晶水的，但当加热后都会失去结晶水而改变颜色：二氯化钴由淡红色变成蓝色；氯化铜由绿色变成黄褐色。如果向花束呵几口气或喷上一些水以后，它们又重新吸收水分，再次显示出原来的颜色。所以，花束会表现出奇异的变色现象来。

氯化铜用于颜料、木材防腐等工业，并用作消毒剂、媒染剂、催化剂。

蓝绿色斜方晶系晶体，相对密度 2.54。在潮湿空气中易潮解，在干燥空气中易风化。易溶于水，溶于醇和氨水、丙酮。其水溶液呈弱酸性。加热至 100℃ 失去两个结晶水。从氯化铜水溶液生成结晶时，在 26℃～42℃ 得到二水物，在 15℃ 以下得到四水物，在 15℃～25.7℃ 得到三水物，在 42℃ 以上得到一水物，在 100℃ 得到无水物。

氯化铜对皮肤有刺激作用，粉尘刺激眼睛，并引起结膜溃疡。生产人员要穿工作服、戴口罩、手套等劳保用品，生产设备密闭，车间通风良好。下班后要洗淋浴。

在实验过程中，要谨防该化学物质的毒性，实验室要通风，实验后要用肥皂洗手。

1 + 1 = 2 吗

1 + 1 = 2，从数学上来讲，这恐怕谁也不会表示怀疑，但是，在生活中却居然有不等的事情。

这是真的吗

在一支干净的试管里，注入 5 毫升体积的水，再使试管稍为倾斜，沿着试管壁慢慢地加入与水相同体积的纯酒精（可以用酒精灯里的酒精进行实验，但不能用消毒用的酒精，因为那种酒精已经掺过水）。把试管放直，用毛笔在试管外壁液面的高度处，画一根墨线作记号。然后振荡试管，使酒精和水充分混合。那你再看一看墨线所作的记号，便会发现液体的体积缩小了。

如果用汽油代替水，进行上述实验，情况将是如何呢？你就会发现酒精和汽油混合，它们的体积反而变大了。

为什么两种互溶的液体混合以后，它们的体积会发生变化呢？说起来原因比较复杂，不过我们可以尽量说得简单些。

水、酒精、醋酸以及许多种物质，在液体状态时，由于它们的分子之间的引力作用，使其中一部分分子三两成群地结合成比较大的缔合分子。如果把甲、乙两种液体混合，就可能发生两方面的变化：一方面由于甲、乙两种分子互相接触，它们之间的引力使甲种分子与甲种分子之间原来所具有的引力减小了（同样也使乙种分子之间的引力减小）。这样一来，缔合分子便解离成单个分子（或者缔合的程度变小），结果使液体的体积增大了。这个过程和把泥块打碎，泥土变松，体积便会变大的现象十分相似。另一方面，甲、乙两种分子之间的引力也可能使甲、乙两种分子缔合成新的、较大的缔合分子，结果，液体的体积变小了。这又和疏松的泥土遇水结成块，体积变小的道理差不多。

当然，也有混合前后体积不变的情况。如相同体积的汽油和煤油、苯和甲苯混合时就是如此。

那么，把两种液体混合起来，体积是变小、变大或者不变，就得看上面两种因素中哪一种占优势来决定了。以酒精和水混合的例子来说，酒精分子和水分子结成缔合分子的倾向比较大，所以后一种因素起了决定性作用，体积就缩小了。而酒精和汽油之间的分子不容易缔合，所以前一种因素是决定性的，体积就变大了。

两种液体混合后，体积发生变化并不违背质量守恒定律。因为质量守恒定律说的是质量，而不是体积。

还是来试一下液体互溶时体积的变化这个实验吧。

实验一

【实验用品】一端封闭的玻璃管（0.5 厘米 × 90 厘米）、量筒、滴管、橡皮筋、橡皮塞、无水乙醇、冰醋酸、苯、乙酸乙酯、二硫化碳。

【实验步骤】

1. 向长玻璃管中注入 9 毫升水，再慢慢注入 9 毫升乙醇，把橡皮筋固定在管中液体凹面处，管口塞上橡皮塞，反复倒转玻璃管，使乙醇与水充分混合，然后竖起玻璃管，可观察到溶液液面低于橡皮筋标记位置。

2. 另取一支玻璃管，向其中注入二硫化碳 9 毫升，再慢慢注入乙酸乙酯9 毫升，按同样操作方法，可观察到溶液液面高出橡皮筋标记位置。

【实验分析】

1. 乙醇与水混合后分子间距离缩小，所以溶液体积小于混合前单独两组分液体体积之和。二硫化碳与乙酸乙酯混合后分子间距离增大，所以，溶液体积大于混合前单独两组分液体体积之和。

2. 我们往往误认为任何两种液体相混溶，得到溶液的体积必等于原两液体体积之和。通过本实验可以纠正这一错误概念。

3. 向长玻璃管中注入液体时，应用滴管沿管壁（滴管不能堵住管口）缓慢注入，以使管中空气顺利排出，液柱间不存留气泡。加入液体的次序，应先注入密度大的液体再注入密度小的液体。

4. 操作 2 中也可改用萘和冰醋酸，这两种液体混合后体积也增大。但它们不是完全互溶，只能部分互溶，静置后仍分成两层，而乙酸乙酯与二硫化碳是完全互溶，混合后不再分层。

5. 冰醋酸有强烈腐蚀性，二硫化碳易燃，使用时要注意安全。

实验二

【实验用品】酒精喷灯、中号试管、量筒、橡皮塞、无水乙醇。

【实验步骤】

1. 自制演示用试管。取一中号试管，用酒精喷灯在距试管口处加热，并不断转动，使受热均匀，当烧至红热时，轻轻拉细烧红部分，再放入火焰中烧红再拉，反复几次，拉成形，细颈部分长 3~5 厘米，内径 0.3~0.4 厘米。冷却后向试管内注入水至细颈顶端，再把水倒入量筒中，记下体积数，即为试管中底部到细颈的容积。

2. 向试管中加水和乙醇各为容积的一半（即刚好加至细颈顶部），塞紧橡皮塞，反复倒转试管，使两液体充分混合，竖起试管，可观察到细颈部分液面下降。

实验三

【实验用品】50 毫升量筒、10 毫升移液管、饱和硫酸铜溶液。

【实验步骤】

1. 在量筒里倒入 40 毫升水。用移液管量取 10 毫升硫酸铜饱和溶液，把硫酸铜饱和溶液慢慢地加入到水底。蓝色的硫酸铜溶液最初与水清晰地分为两层。

2. 轻轻地把量筒放在平稳的地方，继续观察。静置数天后界面开始模糊。过了两个星期，两液体的界面消失了。在量筒当中的液体呈浅蓝色，最后，整个液体都成为均匀的水溶液。

【实验分析】

1. 两种能互相混溶的液体，在分层的状况下会通过界面发生扩散现象。

2. 水分子和硫酸铜分子（严格地说，是 Cu^{2+} 和 SO_4^{2-}）由于各自分子的运动而相互扩散，所以出现了混溶在一起的现象。由于扩散速度较慢，需要的时间较长。

3. 可以用长颈漏斗代替移液管。

知识点

乙 醇

乙醇俗称酒精，无色、透明，密度比水小，能与水、氯仿、乙醚、甲醇、丙酮和其他多数有机溶剂混溶。它的水溶液具有特殊的、令人愉快的香味，并略带刺激性。

乙醇是一种很好的溶剂，既能溶解许多无机物，又能溶解许多有机物，所以常用乙醇来溶解植物色素或其中的药用成分，也常用乙醇作为反应的溶剂，使参加反应的有机物和无机物均能溶解，增大接触面积，提高反应速率。

乙醇的用途很广，可用乙醇来制造醋酸、饮料、香精、染料、燃料等。医疗上一般使用 95% 的酒精用于器械消毒；70% ~ 75% 的酒精用于杀菌，75% 的酒精在常温（25℃）下一分内可以杀死大肠杆菌、金黄色葡萄球菌、白色念珠菌、白色念珠菌、铜绿假单胞菌等；更低浓度的酒精用于降低体温，促进局部血液循环等。

▐▐▐ 无色印泥

和印章并用的印泥，一般都是红颜色的。这里介绍一种无色的印泥，它盖在纸上却会出现颜色。

先把氯化铁溶液（浓度约为 10%）均匀地涂在一张白纸上，让它干燥。在这张纸上几乎不染有什么颜色。

取一个空的清凉油盒，洗涤干净，再把一张吸水纸折叠 4 ~ 5 层，放在盒中。然后注入少许水杨酸钠或水杨酸溶液（浓度约为 10%），直到吸水纸湿透时为止（水杨酸和酚酞

印 泥

一样很难溶在水里，在配制溶液时，必须先用酒精来溶解，然后用水稀释）。这样，没有颜色的印泥就制成了。

把图章揩净，在无色的印泥里按一下，然后在那张事先准备好的纸上盖印。这时，奇怪的现象出现了，无色的图章盖在无色的纸上，竟会马上出现紫色的字迹来。

如果在白纸上改涂氢氧化钠溶液（浓度约10%），印泥盒中的吸水纸也改用酚酞溶液（浓度约为0.1%）来润湿，所制得的纸张和印泥同样是无色的，但盖得的印却是红色的。

这些由两种无色的物质相互作用，生成了有色的物质的现象，是常常可以遇到的。

因为氯化铁溶液和水杨酸钠（或水杨酸）溶液相遇后，立即发生反应，生成了紫色的水杨酸铁，所以盖印后就马上在纸上出现紫色。这个变色反应是水杨酸钠和水杨酸所具有的特殊性质，因而成为检验它们是否存在的有效方法。

酚酞遇碱会呈现出红色，它是检验物质的碱性所常用的试剂。用酚酞溶液湿润过的图章在涂有氢氧化钠溶液的纸上盖印，纸上就留下红色的字迹了。

■■■ 玩转气球

七彩气球

在五彩缤纷的氢气球里面，充的是一种很轻的气体——氢气。因为氢气容易燃烧和爆炸，所以现在的专用气球，如某些探空用的气象气球，多半已经改充另一种较轻的和不会燃烧的氦气了。

以外，还有其他办法能使气球上升吗？

远在飞机发明以前，当时充

氢气的气球还未问世，我国劳动人民就已经懂得热空气比冷空气轻的道理，并且创造出能自动腾空的纸灯——孔明灯。这种灯，实际上是一个充满热空气的大纸袋。而热空气是利用安置在灯内底部的燃烧物（吸饱油脂之类的棉花团）加热产生的。只要点燃可燃物，灯内的空气受热变轻，使整个纸灯的比重减小，等到重力比浮力小时，纸灯就徐徐上升。

这里向大家介绍的是一个既不用氢气，也不用热空气，却能使气球上升的实验。

把一个吹足气的小气球放在一只较大的缸（如大金鱼缸）里，气球就沉在缸底。另外在一个细口瓶中放进十几粒像蚕豆大小的大理石，再注入浓度约10%的稀盐酸（足以浸没大理石即可）。用装有弯玻璃管的软木塞塞紧瓶口，使生成的二氧化碳气体通过弯玻璃管进入到缸里。随着二氧化碳气体的通入，原来沉在缸底的小气球，便缓缓上升，最后静静地浮在半缸中不动，宛如皮球浮在水面那样。

孔明灯

充氢气或热空气的气球能在天空中冉冉上升，是因为氢气和热空气的比重比空气小。那么，充满空气的气球又为什么能浮在二氧化碳气体中呢？原理是一样的，这是因为空气的比重比二氧化碳的比重小的缘故。在这里，气球内的空气加上气球胶囊的重量，等于气球所排开的二氧化碳气体的重量。换句话说，就是因为气球所得到的浮力，和气球总的重量（也是重力）相同，所以它能像船浮在水上一样，浮在二氧化碳上。由于二氧化碳和空气都是透明的，所以看起来好像悬浮在缸中。

这个实验也可以这样进行：

用一支玻璃管或小竹管（麦秆也成），沾上一些肥皂水，然后吹成肥皂泡。通常，由于肥皂泡比空气重，所以肥皂泡离开了玻璃管之后不久，就会受到重力作用一直往下沉。如果把肥皂泡吹在盛满二氧化碳气体的缸中，这时，它就不会下沉，而是悬在缸的半空。这和气球浮在缸中的道理一样。

这个实验证明，不仅水、油等液体具有浮力，而且气体也是具有浮力的。我们生活在充满了空气的地球上，时刻都受到空气的浮力作用的，只不过因为地球对我们的引力（重力）大大超过了浮力，所以我们才感觉不出来。

这个实验还可以这样进行：

瓶内吹气球

【实验用品】大口玻璃瓶、吸管两根、红色和绿色气球各一个、气筒。

【实验步骤】

1. 用改锥事先在瓶盖上打两个孔，在孔上插上两根吸管：红色和绿色。
2. 在红色的吸管上扎上一个气球。
3. 将瓶盖盖在瓶口上。
4. 用气筒打红吸管处将气球打大。
5. 将红色吸管放开气球立刻变小。
6. 用气筒再打红吸管处将气球打大。
7. 迅速捏紧红吸管和绿吸管两个管口。
8. 放开红色吸管口，气球没有变小。

【实验分析】这是因为：当红色吸管松开时，由于气球的橡皮膜收缩，气球也开始收缩。可是气球体积缩小后，瓶内其他部分的空气体积就扩大了，而绿管是封闭的，结果瓶内空气压力要降低——甚至低于气球内的压力，这时气球不会再继续缩小了。

能抓住气球的杯子

【实验用品】气球 1 ~ 2 个、塑料杯 1 ~ 2 个、暖水瓶 1 个、热水少许。

【实验步骤】

1. 对气球吹气并且绑好。
2. 将热水（约 70℃）倒入杯中约多半杯。
3. 热水在杯中停留 20 秒后，把水倒出来。
4. 立即将杯口紧密地倒扣在气球上。
5. 轻轻把杯子连同气球一块提起。

【实验分析】

1. 杯子直接倒扣在气球上，是无法把气球吸起来的。
2. 用热水处理过的杯子，因为杯子内的空气渐渐冷却，压力变小，因此可以把气球吸起来。

氢　气

　　氢气是无色并且密度比空气小的气体，难溶于水，可以用排水集气法收集氢气。另外，在 101 千帕压强下，温度 –252.87℃时，氢气可转变成无色的液体；–259.1℃时，变成雪状固体。常温下，氢气的性质很稳定，不容易跟其他物质发生化学反应。但当条件改变时（如点燃、加热、使用催化剂等），情况就不同了。

　　氢是主要的工业原料，也是非常重要的工业气体和特种气体，在石油化工、电子工业、冶金工业、食品加工、浮法玻璃、精细有机合成、航空航天等方面有着广泛的应用。同时，氢也是一种理想的二次能源（二次能源是指必须由一种初级能源如太阳能、煤炭等来制取的能源）。由于氢的高燃料性，航天工业使用液氢作为燃料。

让你瞠目结舌的化学实验

RANGNI CHENGMUJIESHE DE HUAXUE SHIYAN

说到爆炸，你最先联想到的可能是炸药和爆竹，但是，你也许想不到我们平时食用的面粉也会发生爆炸，通过一个小小的实验，你也可以亲眼见证面粉的"愤怒"；

水火不容，这是大家都知道的常识，然而在某个时候，火光偏偏就是在水里出现的，通过一个小小的实验，你也可以亲眼见证水火相容的奇迹发生；

世界上有连火都对它无能为力的"魔"帕，难道它真的有魔力吗？其实，只要做一个小小的实验，你也可以拥有这样一块有魔力的手帕；

在一个晚会上，你拿出一张白纸和一根留有余烬的引火棒，说："用这根引火棒，在纸上一点就可以烧出一幅图画来。"然后，你在纸上一点，纸被烧成一个窟窿，同时看到火星从这个窟窿延伸开来，很快就烧出一只动物来，引得大家瞠目结舌，你是不是很得意呢？其实要做到这一点并不难，只要你懂得其中奥妙就行。

面粉爆炸

谈起爆炸，你一定会联想到炸药和青少年所喜爱的爆竹，但是，你也许没有想到我们平时食用的面粉居然也会爆炸吧！

在一个废铁罐的底部开一个小洞，大小正好插进小漏斗颈，在漏斗颈上套一根长橡皮管，并将铁罐固定在铁架子上。然后在漏斗里放少许面粉（看铁罐的大小放 1/4 ~ 1/2 两），同时在罐内放入一支点燃的蜡烛，把罐盖好（注意，不要过紧）。如果没有漏斗，可以改用如下装置：在靠近铁罐底部的边上开一个小洞，插进橡皮管，把面粉堆在近管口的前方。

准备妥当后，就可以开始实验了。只要用嘴对着橡皮管向里一吹，刹那间可听得"砰"的一声，罐盖腾空飞起，甚至会冲得很高。如果在实验前把面粉烘干，效果将更好些。

但是，面粉为什么会爆炸呢？温顺的面粉为何会变得如此地疯狂呢？

原来爆炸和燃烧是有密切关系的。实际上爆炸也是燃烧，只不过更激烈、更迅速些罢了。燃烧必须具备三个条件：可燃性物质、支持燃烧的物质（如氧气）和达到着火点的温度。

面粉的爆炸是具备了这三个条件的，然而为什么吹散的面粉遇火会那么容易引起爆炸呢？

可燃性物质燃烧的难易，不仅取决于其本身的性质，而且和它所存在的状态有极大的关系。它与空气接触的表面积越大，燃烧速率也就越快。面粉是可燃性物质，当我们向面粉吹气的时候，它就飞散开来，悬浮在罐内的空气中，这样就使面粉和空气有着极大的接触面积。靠近烛火的面粉首先受热燃烧起来，产生了大量的热。所产生的热又使附近的面粉迅速燃烧起来，产生了更多的热。这样一来，由于产生的热量越来越多，燃烧的传递也越来越快，所以整个燃烧的过程，只要极短的时间（0.1 秒或更短的时间）便完成了。同时，面粉在燃烧时，面粉中的碳、氢等元素和氧化合成二氧化碳气体和水蒸气。这些气体的体积本来就比较大，在高温的时候它们又要受热膨胀，产生的压力就更大了，以致在这一瞬间所产生的压力使罐盖腾空飞起，发生了爆炸现象。

严禁烟火

由于悬浮在空气中的面粉受热会爆炸，因此，在面粉厂或其他有大量可燃性粉尘的地方，是绝对不允许吸烟或产生火星的，否则，会发生严重的爆炸事故。

不仅可燃性固体是如此，可燃性气体或蒸气更是如此。例如，氢气、电石气和汽油蒸气等，在空气中达到一定比例，遇火就会爆炸。所以，在加油站、塑料厂、煤气厂和酒精厂等场所，都是严禁吸烟和引入火种的。

气体遇火爆炸的威力是很大的。下面让我们通过以下实验来具体了解一下气体爆炸的化学原理。

实验一：氧气与氢气混合爆炸

【实验用品】启普发生器、水槽、无底玻璃瓶、大试管、铁架台（带铁夹）、酒精灯、橡皮塞、铁丝、棉花、锌粒、稀硫酸、氯酸钾、二氧化锰、酒精。

【实验步骤】

1. 把仪器安装好。

2. 具体操作。

加热试管，当产生大量氧气时，打开启普发生器的活塞（因硫酸与锌粒反应快），这时水槽水面上即有许多气泡产生，用一端缠有棉花球的铁丝，蘸着酒精并点燃，然后用它点燃水面上的气体，就会发生连珠炮式的爆炸。

【实验分析】

1. 此实验可以使人清楚地看到，水泡内是氢气和氧气的混合气体发生连珠炮式的爆炸。

2. 所用氯酸钾的量应多一些。这样产生的氧气量比较充足，使实验成功率高。

3. 氢气和氧气混合器的出气口与水面距离不得少于4厘米，否则不安全。

4. 此实验也可以把氢气和氧气的混合气预先制好放入储气袋中，然后进行实验。但不要用氯气瓶，否则不安全。

实验二：混合气体爆炸

【实验用品】有机玻璃管或透明塑料管、橡皮塞、软木塞、铜丝、高压感应圈、铁架台、启普发生器、大试管、酒精灯、锌粒、稀硫酸、氯酸钾、二氧化锰。

【实验步骤】

1. 爆炸管的准备。

把两根铜丝各磨成针形，穿过橡皮塞（间隔约 10 毫米），然后使针形尖端相对（间隔约 2.5 毫米），形成两个放电电极。把橡皮塞塞入无色有机玻璃管（内径 20 毫米、长 200 毫米）的一端，用胶黏剂粘牢。

阴极　阳极　　　阴极

电解应用图

2. 氢气和氧气的收集。

把有机玻璃管放在水槽中用排水取气法收集 1/3 体积的氧气，然后再收集 2/3 体积的氢气。用软木塞塞住有机玻璃管的另一端，用铁夹把试管固定在铁架台上。

3. 混合气体引爆。

用导线把低压电源（6～12V）与高压感应圈和管内两个电极连接好，注意高压感应圈的火花距离应稍大一些。打开开关，可看到有机玻璃管内出现一团火，并将上端的软木塞像炮弹一样射出去。

【实验分析】

1. 此实验现象十分有趣。

2. 如果用一般玻璃管代替有机玻璃管时，应在管外包一层塑料薄膜或其他纤维织物以确保安全。

实验三：氢气爆炸极限的简易测定方法

【实验用品】试管架、试管（7 个）、启普发生器、水槽、酒精灯。

【实验步骤】

把七个大小相同的试管都用橡皮圈标出 10 等分刻度，在各试管分别装入水的体积份数为 9、8、7、5、3、1、0.5。然后倒插进水槽中，用排水法小心地分别通入氢气，直至试管内的水刚好排尽。将得到的氢气与空气的混合气体做爆鸣实验。实验过程、内容、现象需做记录。

【实验分析】

1. 以往的经验给我们留下一个错误印象，认为点燃氢气时，只要发出轻微的"噗"声，且能安静燃烧，这种氢气就一定是纯氢气。本实验表明，实验记录中所列的氢气都是不纯的，但当氢气在空气中的体积百分比高于70%时，氢气可以持续安静地燃烧而不发生爆炸。氢气的体积百分比下降到5%以下时，也不能发生爆鸣和燃烧。而氢气的体积在10%～70%之间点燃时，则有爆炸的危险。特别是氢气的体积含量在30%时，氢气与空气中氧气的体积比大约为2:1，恰好能反应完全，因而点燃时有猛烈爆炸的危险（发出最尖锐的爆鸣声）。这就从实验的角度揭示了氢气与空气的爆鸣和爆炸极限的概念。

2. 对于氢气在空气中的爆炸极限值，不同的书略有不同。但大体概念不变，望在做实验过程中，可多做参考。

3. 一般习惯上把高于爆炸极限的氢气，能点燃而不爆炸，视为纯净氢气。

 知识点

二氧化锰

二氧化锰是灰黑色结晶或非晶形粉末。渐溶于冷盐酸并放出氯气，不溶于水、硝酸和冷硫酸。有过氧化氢或草酸存在时，能溶于稀硫酸或硝酸。熔点535℃（分解），致死量（兔，肌肉）45mg/kg，有氧化性，与有机物摩擦或撞击能引起燃烧，有刺激性。

二氧化锰是一种不成盐氧化物、非两性氧化物（既不与酸反应，也不与碱反应），遇还原剂时，表现为氧化性；遇强氧化剂时，还表现为还原性。

用作过氧化氢（双氧水）分解制氧气时的催化剂；用作加热氯酸钾分解制氧气时的催化剂；与单质铝粉发生铝热反应制得锰；与热的浓盐酸反应制取氯气；与熔融苛性钾（氢氧化钾）在空气中反应制取锰酸钾；用于干电池、玻璃和陶瓷的着色剂、制锰等。

魔棒点灯

《哈利·波特》系列电影中，魔法学院里，几乎每个人都有一支无所不能的魔棒。当然，这是虚幻故事，然而现实生活中，我们通过下面这个实验，就可以拥有一支能点燃灯光的"魔棒"。

桌上先放好四五只酒精灯，并准备好一根玻璃棒。在一只表面皿里，放入一堆如扁豆大小的固体高锰酸钾（注意，不要太多），再在上面滴入2～3滴浓硫酸。然后用玻璃棒的一端醮些上述混合物，只要挨次向酒精灯灯芯一碰，灯便一只只点亮了。

高锰酸钾和浓硫酸的混合物为什么能使酒精灯点燃呢？道理也很简单，因为高锰酸钾

魔 棒

是一种强氧化剂，它和浓硫酸作用时，产生了原子氧，并放出热量。

原子氧是一种比高锰酸钾更强的氧化剂，再加上反应时放出的热量，足以使酒精剧烈氧化而燃烧，因而灯就被点亮了。

高锰酸钾作为氧化剂来使用是很普遍的，常用作消毒剂和杀菌剂等，如医药上用于医疗器械和外伤的消毒，日常生活上用于果品和公共场所茶杯的

消毒等。它之所以能起消毒作用，也由于它是强氧化剂，能将某些细菌、病毒等杀死的缘故。

冰上着火

要是想用火柴去点着一块冰，这是无论如何不会成功的。但是，假如我们在冰块上动一下手脚的话，奇迹也会发生的。

先在冰上挖个小洞，并放进一小块电石（碳化钙），然后用火柴去点燃，那么，一块原来很冷的冰，转眼之间就会冒出一团烈火，好像冰块在燃烧似的。当然，着火的并不是冰，而是另外一种物质——乙炔。

当点燃的火柴靠近冰块时，它的热量能够使冰块有微小的融化，产生了少量的水。电石一遇到水，就发生激烈的化学反应，放出一种可燃的乙炔气体（俗名电石气）。

乙炔燃烧时，所产生的热进一步使冰融化；水又促使电石分解。因此不断地产生了乙炔作补充，火焰就越烧越旺。直到电石消耗完毕，全部变成糊状的石灰浆（氢氧化钙）以后，火焰才熄灭。

由于乙炔气非常容易燃烧，在空气中的量达到一定比例时，就有燃烧、爆炸的危险。另外，电石中常常含有杂质，当它和水作用时，会生成有毒的磷化氢，磷化氢比电石更加容易燃烧和爆炸。所以，生产和使用电石的工厂，都特别注意防水和防火，在做这个实验时也必须注意这点。贮藏电石时，必须保持干燥，切勿把电石随便搁置在潮湿和近火的地方。

上述实验中，之所以会出现"冰上着火"的现象，主要是因为实验过程中产生了一种气体——乙炔。

纯乙炔为无色无味的易燃、有毒气体，而电石制的乙炔因混有硫化氢（H_2S）、磷化氢（PH_3）、砷化氢而带有特殊的臭味。在液态和固态下或在气态和一定压力下有猛烈爆炸的危险，受热、震动、电火花等因素都可以引发爆炸，因此不能在加压液化后贮存或运输。微溶于水，易溶于乙醇、苯、丙酮等有机溶剂。在15℃和1.5兆帕时，乙炔在丙酮中的溶解度为237克/升，溶液是稳定的。因此，工业上是在装满石棉等多孔物质的钢桶或钢罐中，使多孔物质吸收丙酮后将乙炔压入，以便贮存和运输。

乙炔的化学性质很活泼，能起加成、氧化、聚合及金属取代等反应。

来看一下乙炔的化学反应的具体表现。

（1）氧化反应：

a. 可燃性：$2C_2H_2 + 5O_2 \longrightarrow 4CO_2 + 2H_2O$

现象：火焰明亮、带浓烟，燃烧时火焰温度很高（＞3000℃），用于气焊和气割。其火焰称为氧炔焰。

b. 被 $KMnO_4$ 氧化：能使紫色酸性高锰酸钾溶液退色。

$3CH \equiv CH + 10KMnO_4 + 2H_2O \longrightarrow 6CO_2 \uparrow + 10KOH + 10MnO_2 \downarrow$

（2）加成反应：

可以跟 Br_2、H_2、HX 等多种物质发生加成反应。

现象：溴水褪色或 Br_2 的 CCl_4 溶液退色。

所以可用酸性 $KMnO_4$ 溶液或溴水区别炔烃与烷烃。

与 H_2 的加成：

$CH \equiv CH + H_2 \longrightarrow CH_2 = CH_2$

与 HX 的加成，如：

$CH \equiv CH + HCl \longrightarrow CH_2 = CHCl$，氯乙烯用于制聚氯乙烯

（3）"聚合"反应：

三个乙炔分子结合成一个苯分子。

由于乙炔与乙烯都是不饱和烃，所以化学性质基本相似。在适宜条件下，三分子乙炔能聚合成一分子苯。

（4）金属取代反应：

将乙炔通入溶有金属钠的液氨里有氢气放出。乙炔与银氨溶液反应，产生白色乙炔银沉淀。

乙炔具有弱酸性，将其通入硝酸银或氯化亚铜氨水溶液，立即生成白色乙炔银（$AgC \equiv CAg$）和红棕色乙炔亚铜（$CuC \equiv CCu$）沉淀，可用于乙炔的定性鉴定。这两种金属炔化物干燥时，受热或受到撞击容易发生爆炸，如：

反应完应用盐酸或硝酸处理，使之分解，以免发生危险。

乙炔在使用贮运中要避免与铜接触。

乙炔也是生产乙醛、合成橡胶、合成纤维和塑料的基本原料。大家常用的塑料梳、塑料皂盒、塑料雨衣以至维尼纶织物等，都可以用乙炔为基本原料来制造。

乙炔在工业上有很大的用途。例如，通常用来切割钢板和焊接金属的氧炔焰，就是通过吹管使乙炔与氧发生燃烧而得到的。燃烧时所产生的氧炔焰的温度高达3000℃以上，用它去切割钢板之类是很合适的，无怪乎工人们称它做"化学锯"，对它的切割本领称赞为"削铁如泥"。

本实验中另一个重要的物质是电石，它是产生乙炔的主要原料。那它有哪些特点和化学性质呢？

电石化学名称为碳化钙，是有机合成化学工业的基本原料，利用电石为原料可以合成一系列的有机化合物，为工业、农业、医药提供原料。工业电石的主要成分是碳化钙，其余为游离氧化钙、碳以及硅、镁、铁、铝的化合物及少量的磷化物、硫化物。电石的化学性质非常活泼，遇水激烈分解产生乙炔气和氢氧化钙，并放出大量的热。利用电石和水的作用可以制取乙炔。

除此之外，电石还有其他的用途。比如，与氮气作用生成氰氨化钙，加热粉状电石与氮气时，反应生成氰氨化钙，即石灰氮。加热石灰氮与食盐反应生成的氰熔体，可用于采金及有色金属工业；电石本身可用于钢铁工业的脱硫剂；产生的气体遇火后可燃，可以照明等。

▌▌▌ 水溶于火

大家知道，水和火是不相容的。下面这个实验，火光偏偏是在"水"里发生的。

在试管里盛约5毫升纯酒精，把试管斜放着，沿着试管壁慢慢地加入等体积的浓硫酸（不要摇动试管）。这时可以看到管里的液体分成两层，比较重的浓硫酸沉在下面。然后，再往试管里放入十几粒高锰酸钾（注意高锰酸钾量不可过多，否则反应过于剧烈，管里的液体会冲出来。另外，管中装的浓硫酸有腐蚀性，操作时要注意安全，最好把试管放在烧杯或者玻璃瓶中进行，以免硫酸泼出）。这时，在两层液体的交界处，就会很快地发出闪闪的火花。如果这个实验在晚上或者黑暗的地方进行，火花更加显得明亮。

液体中发生燃烧，这并不奇怪。因为高锰酸钾是一种强氧化剂，粉末状的高锰酸钾与浓硫酸相遇，立即反应生成绿色油状的高锰酸酐（Mn_2O_7）。它在 273K 以下是稳定的，在常温下即会爆炸分解生成 MnO_2、O_2、Mn_2O_7 有极强的氧化性，一遇有机物就发生燃烧，并放出热量。这些氧和热已足够使酒精燃烧和维持燃烧的进行。但是，我们只能看见在浓硫酸和酒精两层交界的地方发生火花的现象。这是因为在这个实验中，生成氧和热的量比较少，所以，它只能发生火星，不能使酒精连续的燃烧。

在本实验中，这种水火交融的现象之所以能发生，主要是因为以下物质：

浓硫酸

浓硫酸是一种无色无味油状液体。常用的浓硫酸中 H_2SO_4 的质量分数为 98.3%，其密度为 1.84 克/厘米³，其物质的量浓度为 18.4 摩尔/升。硫酸是一种高沸点难挥发的强酸，易溶于水，能以任意比与水混溶。浓硫酸溶解时放出大量的热，因此浓硫酸稀释时应该"酸入水，沿器壁，慢慢倒，不断搅"。若将浓硫酸中继续通入三氧化硫，则会产生"发烟"现象，这样超过 98.3% 的硫酸称为"发烟硫酸"。

脱水性是浓硫酸的化学特性，物质被浓硫酸脱水的过程是化学变化的过程。反应时，浓硫酸按水分子中氢氧原子数的比（2∶1）夺取被脱水物中的氢原子和氧原子。

可被浓硫酸脱水的物质一般为含氢、氧元素的有机物，其中蔗糖、木屑、纸屑和棉花等物质中的有机物，被脱水后生成了黑色的炭（炭化）。

酒　精

酒精是一种无色透明、易挥发、易燃烧、不导电的液体，有酒的气味和刺激的辛辣滋味，微甘。学名是乙醇，分子式 C_2H_5OH，因为它的化学分子式中含有羟基，所以叫做乙醇，比重 0.7893（20/4）。凝固点零下 117.3℃，沸点 78.2℃，能与水、甲醇、乙醚和氯仿等以任何比例混溶，有吸湿性。与水能形成共沸混合物，共沸点 78.15℃。乙醇蒸气与空气混合能引起爆炸，爆炸极限浓度 3.5% ~ 18.0%（W）。酒精在 70%（V）时，对于细菌具有强烈的杀伤作用，也可以作防腐剂、溶剂等。处于临界状态（243℃、60 千克/厘米²）时的乙醇，有极强烈的溶解能力，可实现超临界萃取。由于它的溶液凝固点下降，因此，一定浓度的酒精溶液，可以作防冻剂和冷媒。酒精可以代替汽油作燃料，是一种可再生能源。

高锰酸钾

高锰酸钾亦名"灰锰氧"、"PP粉",是一种常见的强氧化剂,常温下为紫黑色片状晶体,易见光分解:$2KMnO_4$(s)===K_2MnO_4(s)+MnO_2(s)+O_2(g),故需避光存于阴凉处,严禁与易燃物及金属粉末同放。高锰酸钾以二氧化锰为原料制取,有广泛的应用,在工业上用作消毒剂、漂白剂等。在实验室,高锰酸钾因其强氧化性和溶液颜色鲜艳而被用于物质的鉴定,酸性高锰酸钾是氧化还原滴定的重要试剂。

燃料酒精

为了更好地让大家理解这种水火相容的化学现象,下面给大家介绍液体中火光的系列实验。

实验一

【实验用品】试管(φ30×110毫米)、500毫升烧杯、分液漏斗、铁架台(带铁夹)、镊子、氯酸钾、白磷、浓硫酸。

【实验步骤】白磷与浓硫酸擦出的"火花"

1. 在一个大试管里加入 3/4 容积的水,然后加入约 8 克固体氯酸钾,在氯酸钾层的上面,放置绿豆粒大小的两粒白磷。把试管浸入盛水的大烧杯中并固定在铁架台上。在分液漏斗里加入浓硫酸,把分液漏斗插进盛有水、氯酸钾和白磷的试管中,使漏斗的下口和白磷接触。

2. 扭开分液漏斗的活塞,使浓硫酸缓慢滴在白磷上(不要加入太快)。可以观察到水下闪烁着火花,同时还可听到水下的混合物发出爆裂声。

【实验分析】

1. 这里引燃白磷所需要的氧气和热量是靠水下的氯酸钾和浓硫酸之间的反应供给的。浓硫酸与氯酸钾发生下列的化学反应:

$$KClO_3 + H_2SO_4 === KHSO_4 + HClO_3$$

由于溶液中有浓硫酸存在,氯酸将加速分解并放热:

$$3HClO_3 \xlongequal{\quad} HClO_4 + H_2O + 2ClO_2$$

生成的二氧化氯溶于硫酸而使溶液呈淡黄绿色。二氧化氯不稳定易分解：

$$2ClO_2 \xlongequal{\quad} Cl_2 + 2O_2$$

所以，当浓硫酸跟氯酸钾接触时，有氧气、氯气产生，同时有热量放出，达到了白磷的燃点，导致了白磷在水中剧烈氧化而燃烧起火。

2. 氯酸钾与白磷接触形成一种十分危险的爆炸物，因此必须注意安全。本实验一定要让氯酸钾在水中形成一层后再放入白磷，切不可把白磷放在氯酸钾上再加入水。

3. 实验完毕，如果取用的白磷没有全部反应完，必须用镊子小心取出，在通风橱内使它燃烧掉。禁止用手直接去取。

4. 该实验也可用大试管和移液管进行。方法是：在一个大试管里，加入4~5克氯酸钾的固体，沿试管口内壁缓缓加入约为试管体积1/2的水，然后投入黄豆样大小的一块白磷。将试管夹持在铁架台上，然后用移液管吸取浓硫酸，将浓硫酸直接移放到试管底部。当浓硫酸跟氯酸钾、白磷接触时，水下不断闪烁耀眼的火光，同时还能听到从水底发出的炸裂声。

实验二：电石的"水"下火花

【实验用品】玻璃、饱和氯水、电石。

【实验步骤】

在一个大玻璃筒内，装入约4/5体积的饱和氯水，随即投入几颗小电石块，立即可见玻璃筒内的氯水上下，火花四起。在暗处观看，更是有趣。

【实验分析】

1. 电石与水反应产生的乙炔与氯水中的 Cl_2 反应如下：

$$C_2H_2 + Cl_2 \xlongequal{\quad} 2HCl + 2C$$

2. 本实验的缺点是：氯水用量多，有刺激性臭味，同时反应游离析出炭尘，污染教室环境。整个实验拟在一分钟内完成是必要的。

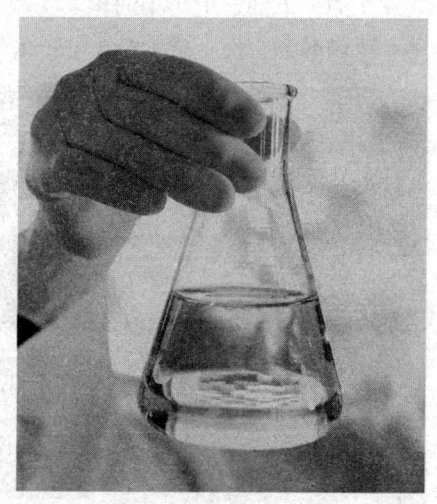

烧杯中的化学反应

实验三："气"出火花

【实验用品】玻璃管（φ20～25毫米，长150～200毫米）、双孔橡皮塞、玻璃导管、橡皮管、氯气、乙炔。

【实验步骤】

把实验装置安装好。

当电石与饱和食盐水反应产生的乙炔（C_2H_2）和MnO_2与浓盐酸反应产生的氯气（Cl_2）同时导入盛有热水（50℃～60℃）的玻璃管内，让两种气体在水下相遇（导气管口相对，且相距0.5～1厘米），就会有明亮耀眼的闪电光辉在水下出现。只要这两种气体不断在水下相遇，这种奇观壮景就会不断地得到再现。

做这一系列实验的时候，一定要在专业教师的指导下进行，而且细致的记下实验的步骤，以防发生危险。

水底喷火

水是灭火的，难道水下也能喷出火来？在化学的世界里，一切都是有可能发生的。下面这个小小的化学实验，可以让大家见证这种不可能的发生。

取硝酸钾5份、硫黄粉2份、木炭粉1份，分别研细，然后混合配成黑色火药备用。

水底火山

做1只纸筒，高2分米、直径1分米。一端封口，然后用熔融松香在整个筒表面上涂上一层。然后向纸筒里装入约占筒高1/4的细沙，再把黑色火药装满，插一根引火线，最后把黑色火药压紧。

引火线是用棉绳浸透浓硝酸钾溶液，晒干而成。

把装好火药的纸筒直立在空玻璃杯里。仔细向玻璃杯注水接近纸筒口，注水时不要弄湿纸筒里的黑色火药。

点燃引火线，不久就可以看到大量烟尘和火焰从纸筒里喷出来。随着火药的燃烧，纸筒也烧起来。燃烧蔓延到水下部分，直到火药烧完为止。

点火以前，纸筒口不得被水浸湿，否则无法点燃。纸筒表面涂的一层松香，可防止水渗入筒内。筒底放沙可以使筒底加重，防止纸筒在注水后倾倒或浮起。

水是灭火的，为什么燃烧能在水下进行呢？

通常情况下，水确实可以熄灭一般可燃物的燃烧。因为它可以使可燃物隔绝空气，同时又起降温作用，使可燃物的温度降到其燃点以下。但对于这个火药燃烧的实验，水是无能为力的。因为火药里的硝酸钾在受热时能放出氧，所以它的燃烧不需要空气助燃。另外，火药一旦点燃，就产生大量的炽热的气体。气体向外喷射，其压强足以把水冲开，因此也无法使可燃物降温。

火药是会爆炸的，为什么这个实验只是喷火而没有爆炸呢？一个原因是它的配方里含硝酸钾比较少，供氧少，燃烧速率比较低；另一个原因是装火药的纸筒不是密封的，燃烧所产生的气体能够及时排出，不会积累成高压而使外壳爆破。

实际上，水下爆炸的例子也并不少见。如疏浚航道时，就是利用炸药在水中将险滩暗礁炸掉；军事上也可以用深水炸弹炸毁敌潜艇。

在化工生产中，有一种加热方法叫做浸没燃烧。浸没燃烧法是一种高效燃烧方法。它预先将燃气与空气充分混合，送入燃烧室进行完全燃烧，让高温烟气直接喷入液体中，从而加热液体。其燃烧过程属于无焰燃烧，传热过程则属于直接接触传热。

浸没燃烧效率高，可达 90% ~ 96% 以上，水在进行低温加热时热效率接近 100%。由于高温烟气从液体中鼓泡排出，气液两相进行直接接触传热，且气液混合与搅动十分强烈，大大增加了气液间的传热面积，强化了传热过程，烟气的热量最大限度地传给了被加热液体，排烟温度低。这种加热方法比较简便，投资少，传热效率高。

浸没燃烧应用较广，如海水、矿物水及酸碱洗液的加热，集中供热系统，采矿，造纸，木材加工，全自动汽车洗涤，纺织业，洗衣店，污水控制与处理池（维持池水温度以确保持续的高级生物分解，特别在那些一年四季温度相差很大的地区）等。可利用浸没燃烧所得的汽气混合气获得工艺所需气体（N_2 和 CO_2），并用它来清洗物体的内外表面、消毒和解毒。

可见，生活和工作中，并不乏"水下火山"的现象，这些都是科学家和科研工作者智慧的结晶。同时，这些发明和化学实验的应用，确实为人们的工作和生活造福不小。

知识点

硝酸钾

硝酸钾俗称火硝或土硝。它是黑火药的重要原料和复合化肥。制取硝酸钾可以用硝土和草木灰做原料。土壤里的有机物腐败后，经亚硝酸细菌和硝酸细菌的作用，生成硝酸。硝酸根跟土壤里的钾、钠、镁等离子结合，形成硝酸盐。硝土一般存在于厕所、猪、牛栏屋，庭院的老墙脚，崖边，岩洞以及不易被雨水冲洗的地面。硝土潮湿，不易晒干，经太阳曝晒后略变紫红色。好的硝土放在灼红的木炭上会爆出火花。

硝酸钾主要用于焰火、黑色火药、火柴、导火索、烛芯、烟草、彩电显像管、药物、化学试剂、催化剂、陶瓷釉彩、玻璃、复合肥料及花卉、蔬菜、果树等经济作物的叶面喷施肥料等。另外，冶金工业、食品工业等将硝酸钾用作辅料。

无氧燃烧

通常我们都有这样的经验：可燃性物质在不与氧气或空气接触的情况下，是不能燃烧的。点着的酒精灯，罩上盖子就熄灭了；长久不通灰的煤炉，火就烧得不旺，甚至会闷熄。但是，我们不能因此就认为，没有氧气存在就不会有燃烧现象。

就以二氧化碳气体来说，大家都知道它是一个灭火的"能手"。但有些物质却偏偏能在二氧化碳中燃烧。

先制取 1 瓶二氧化碳气体，在盛有十几粒大理石（它的主要成分是碳酸钙）的细口瓶中，加入一些浓度为 10% 左右的稀盐酸（足够浸没大理石即可），瓶里即有二氧化碳气泡产生。

制取二氧化碳

随即用 1 个装有导管的塞子塞紧。生成的二氧化碳经导管收集在集气瓶中。气体是否集满可以用一根点燃的木条放在瓶口试验，如果火焰熄灭了，说明二氧化碳已经集满。这时，用镊子夹住一根镁条，在酒精灯上点燃后，迅速插入集有二氧化碳的瓶中。那时，你不但可以看到镁条在二氧化碳中仍能继续燃烧，而且还发出耀眼的白光，并伴有黑色的烟从集气瓶口逸出。反应完毕后，在集气瓶壁上可见到布满大量的白色粉末，瓶底则聚集有黑色的炭粒。

为什么在没有氧气而只有二氧化碳气体的情况下也会发生燃烧现象呢？原来，燃烧并不局限于物质和氧的剧烈作用，而是一种比较普遍的化学反应现象。凡是急剧进行的并且放出光和热的反应，都可以认为是燃烧。当镁条点燃后放在二氧化碳气体中，它可以和二氧化碳中的氧发生猛烈的反应，放出大量的热，生成了白色的氧化镁附在瓶壁上，同时还分解出碳来（一部分形成浓厚的黑烟，一部分聚集在瓶底）。

反应产生的热和光形成了镁在二氧化碳气体中的燃烧现象。

燃烧也不限于在二氧化碳里发生，有些物质也可以在氯气、硫磺蒸气里燃烧。例如，工业上就是让氢气流在氯气中燃烧，先制得氯化氢气体，然后用水吸收，而制得盐酸。

某些金属如灼热的铜、铁等粉末，在硫黄蒸气里也能起剧烈的化学变化，放出光和热来，发生燃烧现象。

既然有在二氧化碳中燃烧的现象，那么，我们也可以研究一下二氧化碳使火焰熄灭的极限是什么。给大家介绍一个关于二氧化碳使火焰熄灭的极限研究的实验。

气体的收集

【实验用品】集气瓶、平底烧瓶、导管、橡皮管、单孔橡皮塞、铁架台（带铁架）、玻璃片、酒精灯、木条、水槽、碳酸钙、盐酸（1:2）。

【实验步骤】

1. 按用排水法收集二氧化碳的装置安装好实验用品，把收集好的二氧化碳和空气的混合气体放入集气瓶中。

2. 用燃着的火柴（或木条）放在集气瓶口试验，火焰燃烧和熄灭的情况，记录于表。

【实验分析】

1. 实验证明，二氧化碳在空气中的体积百分比含量高于 20% 时，燃着的火焰就会熄灭。这个数值可以约略视为是 CO_2 使木柴火焰熄灭的极限。可见，装满了 CO_2 的集气瓶，用燃着的火柴放在集气瓶口，火焰固然要熄灭，而没有装满 CO_2 的容器，只要 CO_2 在空气中的体积百分比含量大于这个极限值，同样可以使燃着的火柴熄灭。因此，不可以仅用燃着的火柴熄灭与否来证明一个容器里是否充满了二氧化碳（通常称为 CO_2 的检满或检纯实验）。

2. 因 CO_2 溶于水，但不溶于酸，所以在用排水法收集 CO_2 气体时，可在水槽里加几滴盐酸或硫酸，以降低 CO_2 在水中的溶解度。

由此可见，在化学的世界里，没有任何绝对的东西。这个奇妙的世界，总是会带给人惊喜的。

铝生胡须

有人说，铝不会生锈。铝真的不会生锈吗？实际上铝比铁活泼得多，它在常温下比铁更容易与水或空气中的氧发生化学变化而生锈。我们常用的铝制品之所以不会像铁那样腐蚀损坏，是因为它的表面早已覆盖上一层氧化铝膜，而这层薄膜是由铝和空气中的氧化而成的，它紧密而不透气，所以能保护内层的铝不再与氧发生反应。如果把这层氧化铝膜除去了，并设法使新生成的氧化铝不再成为薄膜，那么，我们就可以观察到铝的腐蚀——生锈的情况。

找一小块铝片（或铝丝），用砂皮或小刀刮掉它的表面层（氧化铝薄膜），然后用蘸有硝酸汞溶液（有毒，切勿入口。如果手上沾有溶液，一定要用肥皂彻底洗净）的布块摩擦几下。一两分钟以后，在铝片的表面上便长出了像刷子一样的胡须。这时如果用手摸一下铝片，还会感觉到它的温度显著地升高了。

实验完毕，用肥皂洗净双手。

铝片被砂皮刮去氧化膜以后，它就立即与空气中的氧发生作用，生成一层氧化铝。这层新生成的氧化铝比较薄，而且也不是完全没有孔隙的，用浸透了硝酸汞溶液的布块摩擦它，薄膜就被损坏，那些暴露出来的金属铝立即与硝酸汞发生反应，生成汞和硝酸铝。生成的汞进一步和铝组成铝汞合金。接着，在这层铝

铝丝

汞合金中，位于表面与空气接触的铝首先氧化成为氧化铝。铝汞合金表面上的铝由于氧化作用而消耗了，所以表面含有的铝的数量大大少于合金内部的，以致引起合金内部的铝原子向表面扩散；同样，铝片中的铝原子也向合金方面扩散。这样一来，铝原子便不断通过铝汞合金向合金的表面扩散，并且在

表面上与空气中的氧反应，生成氧化铝。不过，因为铝原子的扩散作用，使得后来发生氧化作用所生成的氧化铝，好像结晶那样逐渐长大，而不形成光滑的、均匀的薄膜。所以，氧化铝晶体越来越长，好像长胡须一般。

虽然在理论上说来，这个氧化过程可以不断发生，直到金属铝全部氧化腐蚀完毕为止。但是，实际上由于生成的氧化铝越来越多，铝的扩散速度也越来越慢，氧化反应逐渐变慢，所以时间久了，便好像完全停止一样。

从这个实验可以看出，铝是很容易氧化的金属，它比铁、铜等的氧化要快得多。同时，实验还证明了铝的氧化过程是放热的。人们利用了铝的这些性质，把铝粉混在炸药中提高炸药的爆炸力。此外，在炼钢时也常利用铝去消除钢中的氧化物杂质。在去除杂质的时候（发生铝的氧化），还利用了反应所放出的热来增高钢水的温度，提高钢铸件的质量。

其实，铝是人类生活的伴侣，人类的好多活动都离不开铝。

铝可以从其他氧化物中置换金属（铝热法）。其合金质轻而坚韧，是制造飞机、火箭、汽车的结构材料。纯铝大量用于电缆，广泛用来制作日用器皿。

火　箭

纯的铝很软，强度不大，有着良好的延展性，可拉成细丝和轧成箔片，大量用于制造电线、电缆、无线电工业以及包装业。它的导电能力约为铜的 2/3，但由于其密度仅为铜的 1/3，因而，将等质量和等长度的铝线和铜线相比，铝的导电能力约为铜的 2 倍，且价格较铜低。所以，野外高压线多由铝做成，节约了大量成本，缓解了铜材的紧张。

铝的导热能力比铁大 3 倍，工业上常用铝制造各种热交换器、散热材料等，家庭使用的许多炊具也由铝制成。与铁相比，它还不易锈蚀，延长了使用寿命。铝粉具有银白色的光泽，常和其他物质混合用作涂料，刷在铁制品的表面，保护铁制品免遭腐蚀，而且美观。由于铝在氧气中燃烧时能发出耀眼的白光并放出大量的热，又常被用来制造一些爆炸混合物，如铵铝炸药等。

冶金工业中，常用铝热剂来熔炼难熔金属。如铝粉和氧化铁粉混合，引发后即发生剧烈反应，交通上常用此来焊接钢轨；炼钢工业中铝常用作脱氧剂；光洁的铝板具有良好的光反射性能，可用来制造高质量的反射镜、聚光碗等。铝还具有良好的吸音性能，根据这一特点，一些广播室、现代化大建筑内的天花板等有的采用了铝。因为纯的铝较软，1906年，德国冶金学家维尔姆在铝中加入少量镁、铜，制得了坚韧的铝合金，后来，这一专利为德国杜拉公司收买，所以铝又有"杜拉铝"之称，在以后若干年的发展过程中，人们根据不同的需要，研制出了许多铝合金，在许多领域起着非常重要的作用。

在某些金属中加入少量铝，便可大大改善其性能。如青铜铝（含铝4%～15%），该合金具有高强度的耐蚀性，硬度与低碳钢接近，且有着不易变暗的金属光泽，常用于珠宝饰物和建筑工业中，制造机器的零件和工具，用于酸洗设备和其他与稀硫酸、盐酸和氢氟酸接触的设备；制作电焊机电刷和夹柄、重型齿轮和蜗轮、金属成型模、机床导轨、不发生火花的工具、无磁性链条、压力容器、热交换器、压缩机叶片、船舶螺旋桨和锚等。在铝中加入镁，便制得铝镁合金，其硬度比纯的镁和铝都大许多，而且保留了其质轻的特点，常用于制造飞机的机身，火箭的箭体；制造门窗、美化居室环境；制造船舶等。

硝酸汞

硝酸汞是无色或微黄色结晶性粉末，有吸湿性。溶于少量水和稀酸，遇大量水或沸水，则生成碱式盐沉淀，不溶于乙醇，熔点79℃。有氧化性，与有机物摩擦或撞能引起燃烧。有毒，半数致死量（小鼠，腹腔）8mg/kg。

急性中毒时出现头痛、头晕、乏力、失眠、多梦、口腔炎、发热等全身症状。皮肤接触时，脱去污染的衣着，用肥皂水和清水彻底冲洗皮肤。眼睛接触时，提起眼睑，用流动清水或生理盐水冲洗。吸入时，迅速脱离现场至空气新鲜处，保持呼吸道通畅。如呼吸困难，给输氧；如呼吸停止，立即进行人工呼吸；不慎食入时，用水漱口，给饮牛奶或蛋清。

耐火手帕

你见过不怕火的手帕吗？连火对它都无能为力，难道它真的有魔力吗？其实，只要你了解了下面这个实验，你也可以拥有这样一个"有魔力"的手帕。

在杯子里注入普通酒精（浓度为95%）2份和清水1份，充分摇匀（消毒用的酒精不用加水，直接就可用）。然后把一块手帕放在这个溶液里浸透，用镊子夹住拿出来（注意，手上不要沾有酒精，以免着火）。用火柴去点燃，可以看到火焰很旺盛，好像手帕就要烧成灰烬似的。等到火焰减小时，迅速摇晃使火焰熄灭，再仔细一看，手帕竟然丝毫没有被烧坏。

这究竟是为什么呢？是什么样的化学反应让手帕可以拥有不怕火的"魔力"呢？我们可以猜想到这主要是由于火焰温度低的缘故。

那么，为什么这个火焰温度会比较低呢？其实，火焰的温度就是燃烧着的气体的温度。当酒精和水的混合液被点着火时，它们逐渐蒸发成酒精蒸气和水蒸气。由于产生了不可燃烧的水蒸气，使酒精蒸气的浓度相对地减小，所以燃烧就不太剧烈，所产生的热量也比较少。另外，因为有水的存在，酒精蒸气燃烧时所放出的热量，有一部分还消耗在使水气化为蒸气，以及用来烧热这些完全不可燃的水蒸气上，因此总共消耗掉的热量就更多了。这样一来，火焰的温度也就必然降低了。

由此我们可以得出一个结论：如果在一种易燃的物质中适当掺进一些很易气化而且不能燃烧的物质，就可以使火焰温度降低。

同样的道理，比如，把容易燃烧的二硫化碳（3体积）和不能燃烧的四氯化碳（8体积）在铁罐中混合，用火点燃后，就可以看到燃烧着的火焰（注意：二硫化碳容易着火，且它的蒸气有毒，因此实验必须在通风的地方，且有教师的指导才能进行）。如果你放一张纸在这个火焰上，就会发现这个火焰温度低到连纸张也烧不着。

通常人们总是把火焰温度和火焰光亮程度等同起来，认为火焰愈亮，温度必然愈高。其实这种看法是片面的。例如，焊接上经常使用的氢氧吹管所产生的氢氧焰，虽然足以切割和焊接钢板，温度高达2500℃～3000℃，然而它的火焰并不明亮。再像酒精灯火焰的最外层虽然不及中层的明亮，但温度反而较高。这是因为火焰的亮度不仅决定于火焰的温度，还和火焰中有无固体颗粒存在等因素有关。所以，火焰亮度并不一定和火焰温度成正比例关系。

我们不妨用蜡烛或酒精灯的火焰作进一步的证明。把一根小木杆或火柴杆迅速地平放在火焰里，然后立即取出。这时你可以看到，处在火焰最明亮部分的木杆还未烧着，而处在火焰最外层不很明亮的部分，木杆却已经烧成焦黑色的了。这就清楚地说明火焰最外层虽不及里面明亮，但是温度倒是比较高的。平时我们做实验时，常常在酒精灯或煤气灯的火焰最外层加热，就是根据这个道理。

魔幻图画

在一个文艺晚会上，看到一个精彩的节目。只见一位小朋友，拿出一张白纸和一根留有余烬的引火棒，说：用这根引火棒，在纸上一点就可以烧出一幅图画来。说也奇怪，他在纸上一点，纸被烧成一个窟窿，同时看到火星从这个窟窿延伸开来，很快就烧出一个字来，仔细一看是个"火"字。他又拿出另一张白纸，同样用留有余烬的引火棒一点，却烧出一只动物来，这引起大家啧啧称赞。

其实，这位小朋友的表演是化学魔术。他的全部奥妙都在那张纸上，我们同样也可以表演一番。

取一张薄而易吸水的白纸（如一张滤纸），同时配制一瓶特殊的绘画"墨"水——浓度约为30%的硝酸钾溶液。用毛笔蘸取硝酸钾溶液在纸上作画，但要求笔划简单而且连贯，画好后，让纸晾干，图画的痕迹全部消失，看上去仍然是一张无瑕的白纸，连作画者也分不清。所以表演者应事先在尚未干透的图画上作一记号，如用小针在画迹的某处戳一个不明显的小孔。画纸干透后，就可用来表演。表演时只要用引火棒点燃原来作过记号的小孔，火星就按着绘画的痕迹蔓延开了，原来的画迹很快就显现出来了。

道理很简单，用硝酸钾（KNO_3）溶液作画，纸上留有硝酸钾的痕迹，当用引火棒点燃时，硝酸钾受热分解出微量的氧气，帮助白纸燃烧，因而燃烧顺着有硝酸钾痕迹的地方进行。又由于燃烧缓慢，产生的热量基本上都散失了，所以未蘸有硝酸钾的纸不会燃着。硝酸钾的这种助燃性质曾经用来作引火索，过去也曾用以处理卷烟的纸，以防纸烟点燃后断火。

我们还可以换其他的液体来做这个实验。

事先在一张比较厚的白纸上，用浓度在15%～20%的亚铁氰化钾（俗称黄血盐）溶液画出汹涌澎湃的波涛，再用浓度为15%～20%的硫氰化钾浓溶液画一只船以及船只上的烟囱，最后用5%浓度的硫氰化钾稀溶液在烟囱上画上一颗五角星。干燥后，只见白纸一张，几乎看不出什么特殊的颜色和痕迹，以备后用。

由于含氰的化合物都有毒性，所以要注意安全，切勿让药品入口。手续完毕，必须用肥皂把双手彻底洗净。

实验开始后，用喷雾器把5%浓度的氯化铁稀溶液喷洒在那张白纸上。转眼间，在雪白的纸上出现了一幅美丽的图画：深蓝色的波涛，红褐色的船只，烟囱上还有一颗耀眼的五角红星。

黄血盐是一种淡黄色的晶体，硫氰化钾是无色的晶体。它们极易溶于水，溶液都是浅色或无色的。当黄血盐与含有三价铁的氯化铁溶液相遇作用时，就生成了深蓝色的沉淀物（俗称铁蓝或普鲁士蓝）。画中波浪的蓝色就是这种铁蓝的颜色。

硫氰化钾与氯化铁溶液相遇时，也发生反应，结果生成的是血红色的硫氰化铁溶液。由于硫氰化钾的浓度不同，所以，船身与五角星的颜色也有浓淡的差别。

这种由于产生了特殊物质而呈现颜色变化的现象，是人们验证某些物质的一种依据。譬如要检验某种化工产品中是否含有铁质（三价的铁），只要把它变成溶液，然后把黄血盐溶液或硫氰化钾溶液滴入其中：如果溶液内出现了深蓝色的沉淀或者变为血红色的溶液，就表示试样中有三价铁存在。

此外，人们在检查铁器表面的防锈层是否严密时，往往先把要检查的铁器用四氯化碳洗干净，然后放在溶有动物胶、甘油和黄血盐的温水里。经过一昼夜以后，如果防锈层不严密，暴露出来的铁便与黄血盐发生作用，使溶液变蓝。所以，根据溶液是否变蓝，便可以知道铁器表面的防锈层是否严密无损。

根据这种化学反应，人们还可以做很多"变色实验"。比如下面这个"喷雾作画"。

【实验用品】滤纸、喷雾器、玻璃棒、0.1 摩/升盐酸、0.1 摩/升氢氧化钠、甲基橙试液。

【实验步骤】

1. 用玻璃棒蘸取 0.1 摩/升盐酸在一张白滤纸上画上一朵月季花的花瓣，花瓣无色。

2. 再用另一根玻璃棒蘸取 0.1 摩/升氢氧化钠溶液画上月季花的花蕊，花蕊无色。

3. 把甲基橙溶液装入喷雾器，向画好月季花的滤纸上喷洒。雾到之处，就开出一朵黄蕊红瓣的月季花。

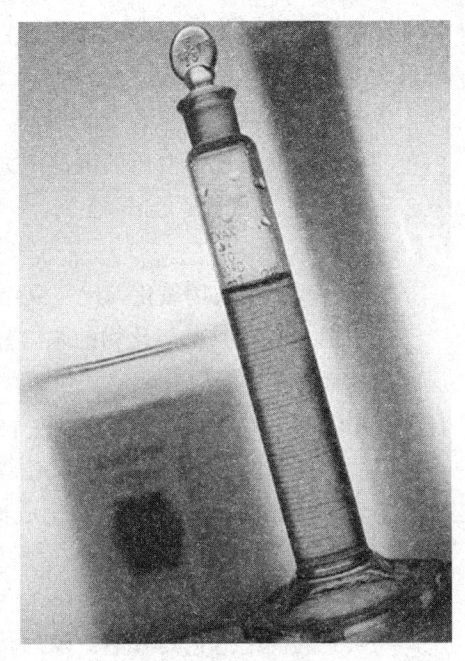

变色实验

【实验分析】

1. 甲基橙试液在酸性溶液中显红色，在碱性溶液中显黄色。因为滤纸上的月季花，花瓣是由盐酸画的，花蕊是由氢氧化钠溶液画的。所以喷上甲基橙后，成为黄蕊红瓣的月季花。

2. 用玻璃棒蘸氢氧化钠画花蕊时，"笔道"要细，注意不要让碱液扩散。否则氢氧化钠遇到 HCl，会发生中和反应。喷上甲基橙试液后，无颜色变化，影响效果。

3. 酚酞、甲基橙、石蕊都是工农业生产和实验室里常用的酸碱指示剂。

水变牛奶

也许不少人都会做"水变牛奶"的小魔术，例如把透明无色的氯化钡和硫酸溶液相混合，就能生成外表像牛奶一样的硫酸钡悬浊液。下面介绍一个更有趣的"水变牛奶"实验。

在玻璃杯里放入氯化铝晶体约 2 克，再加入 20 毫升水，搅拌使它溶解，结果便得到了无色透明的"水"——氯化铝溶液。然后往氯化铝溶液里慢慢加入浓度为 20% 左右的氢氧化钠溶液，杯里的"水"渐渐变得混浊，犹如乳白色的牛奶，并出现了白色的沉淀。如果继续往这杯乳状液里加氢氧化钠溶液，不但白色的沉淀逐渐消失，而且混浊的"牛奶"又变成澄清的"水"了。

这个实验如果改用氯化锌代替氯化铝来进行，效果完全一样。

原来铝（或锌）的氯化物的水溶液遇到氢氧化钠溶液时，发生了复分解反应，结果生成了氢氧化铝（或氢氧化锌），它们都是白色的沉淀，所以当两杯清液相混时，看上去就像变成"牛奶"了。

但所生成的氢氧化铝（或氢氧化锌）却是两性的化合物，当它们继续与加入的氢氧化钠溶液相遇时，便生成偏铝酸钠（或锌酸钠）。因为偏铝酸钠（或锌酸钠）都是无色透明的溶液，所以原来的白色沉淀消失了，"牛奶"又重新变为"水"。

物质的两性是指它具有酸、碱两重的性质：在和酸类作用时，它表现出碱性，能和酸作用生成盐；而它和碱类作用时，却又表现出酸性，也能作用生成盐。

氢氧化铝的两性已经被利用在炼铝工业上，成为提纯氧化铝的重要手段。因为在炼铝的天然原料——矾土里，除了含有氧化铝之外，往往还含有不少的二氧化硅和氧化铁等杂质，所以必须设法把杂质去除。在提纯氧化铝时，将矾土和浓氢氧化钠溶液在加压的情况下加热数小时，这时矾土中的氧化铁是不溶解的，二氧化硅则变为不溶性的硅铝酸钠，而氧化铝却变成可溶性的偏铝酸钠。再将它过滤，便可得纯序的偏铝酸钠溶液。然后，用水稀释偏铝酸钠溶液，并加入少量

清水变色

氢氧化铝晶种（形成结晶核心），不断进行搅拌，偏铝酸钠便与水反应，生成氢氧化铝沉淀。沉淀经过滤、分离，并放在转窑内煅烧，就得到了无水的、纯净的氧化铝。最后把纯净的氧化铝溶在人造冰晶石熔融液里进行电解，就可以获得纯净的金属铝。

类似的还有清水变色实验。

【实验用品】6只250毫升烧杯、氨水、浓盐酸、硫氰化钾、百里酚蓝试液、三氯化铁溶液、亚铁氰化钾、氢氧化钾浓溶液。

【实验步骤】

1. 将6只烧杯分别编为1~6号。

2. 在1号烧杯中注入半杯清水并滴入少量氨水和硫氰化钾溶液；2号烧杯底滴入几滴百里酚蓝试液；3号烧杯加入少量浓盐酸；4号烧杯中加入少量三氯化铁溶液；5号烧杯中加入少量亚铁氰化钾溶液；6号烧杯中加入1/3杯氢氧化钾浓溶液。

3. 将1号杯中的"清水"倒入2号杯，立即变成蓝色；将此蓝色溶液倒入3号杯，变成橙红色；将此橙红色溶液倒入4号杯，变成血红色；将血红色溶液倒入5号杯，又变成深蓝色；最后将此深蓝色溶液倒入6号杯，蓝色即褪去，仍变成一杯带淡紫色的"清水"。

【实验分析】

1号杯→2号杯，百里酚蓝在碱性溶液中呈蓝色；

2号杯→3号杯，过量盐酸使溶液成酸性，百里酚蓝呈橙红色；

3号杯→4号杯，三氯化铁与硫氰化钾反应，生成血红色的硫氰酸根含铁络合物；

4号杯→5号杯，铁离子与亚铁氰化钾反应，生成普鲁士蓝；

5号杯→6号杯，普鲁士蓝与氢氧化钾反应，析出氢氧化铁沉淀，蓝色褪去。因溶液中有百里酚蓝指示剂，所以，最后溶液带有淡紫色。

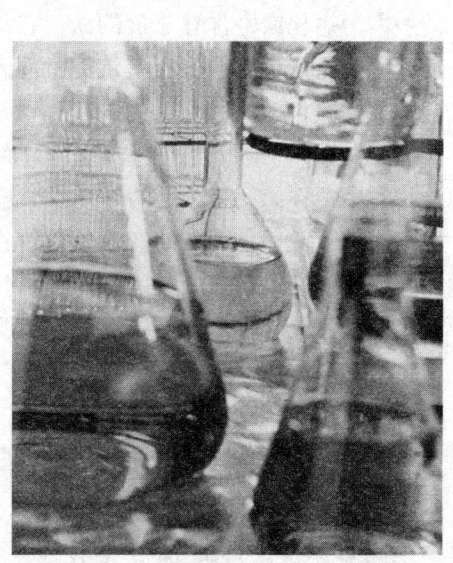

各色烧杯

星星游走

取四只干净的空瓶。在第一瓶里放入等量的氯化铁和亚铁氰化钾溶液；第二瓶里是氯化铁溶液；第三瓶里是碳酸钾溶液；第四瓶里是亚铁氰化钾溶液。溶液的浓度均为 10% 左右（碳酸钾应稍浓些）。

再取两张大小相同的空白纸和两张白色的吸水纸，例如滤纸。在第一张纸上，用第一瓶里的溶液画上一颗五角星，星星显深蓝色。用第二瓶里的溶液在第二张纸上，同样画上一颗五角星，星星的大小、形状与第一张的相同，可是从纸上几乎看不出什么痕迹。然后用第一张吸水纸吸透第三瓶里的溶液，纸上不现什么颜色。再用第二张吸水纸吸透第四瓶里的溶液，也几乎是无色。

最后，把第一张吸水纸覆在第一张纸上，紧按几下，揭开，纸上的蓝色五角星不见了。接着把第二张吸水纸覆在第二张纸上，同样按几下再揭开，你一定可以看到在这张原来是空白的纸上，竟然出现了蓝色的五角星。那蓝色的星星，好像已经从一张纸上跑到另一张纸上去了！（实验完毕后，应当用肥皂洗手。）

因为氯化铁中含有三价的铁，它具有一个特性：能和亚铁氰化钾溶液作用，生成深蓝色的普鲁士蓝沉淀。而普鲁士蓝遇上碳酸钾，又会变成近于无色的亚铁氰化钾。所以氯化铁和亚铁氰化钾的混合溶液能生成普鲁士蓝，使画在第一张纸上的五角星呈深蓝色。而第一张吸水纸是吸透了碳酸钾溶液的，当把它紧覆在第一张纸上的时候，深蓝色的普鲁士蓝立刻和碳酸钾溶液作用，重新生成了几乎是无色的亚铁氰化钾以及碳酸铁，所以纸上的深蓝色的星星不翼而飞了。第二张纸上的星星却是用无色的氯化铁溶液画的，当它遇到吸透了亚铁氰化钾溶液的第二张吸水纸以后，立即起化学反应，生成了普鲁士蓝沉淀，所以在这张纸上出现了深蓝色的星星。

普鲁士蓝沉淀是一种深蓝色颜料，水彩颜料的普蓝就是它，蓝色油漆中也含有它。这个实验只不过是普鲁士蓝沉淀的消除和生成反应。

普鲁士蓝是一种古老的蓝色染料，可以用来上釉和做油画染料。

18 世纪有一个名叫狄斯巴赫的德国人，他是制造和使用涂料的工人，因此对各种有颜色的物质都感兴趣，总想用便宜的原料制造出性能良好的涂料。

有一次，狄斯巴赫将草木灰和牛血混合在一起进行焙烧，再用水浸取焙烧后的物质，过滤掉不溶解的物质以后，得到清亮的溶液，把溶液蒸浓以后，便析出一种黄色的晶体。当狄斯巴赫将这种黄色晶体放进三氯化铁的溶液中，便产生了一种颜色很鲜艳的蓝色沉淀。狄斯巴赫经过进一步的试验，这种蓝色沉淀竟然是一种性能优良的涂料。

　　狄斯巴赫的老板是个唯利是图的商人，他感到这是一个赚钱的好机会，于是，他对这种涂料的生产方法严格保密，并为这种颜料起了个令人捉摸不透的名称——普鲁士蓝，以便高价出售这种涂料。

　　直到20多年以后，一些化学家才了解普鲁士蓝是什么物质，也掌握了它的生产方法。原来，草木灰中含有碳酸钾，牛血中含有碳和氮两种元素，这两种物质发生反应，便可得到亚铁氰化钾，它便是狄斯巴赫得到的黄色晶体。由于它是从牛血中制得的，又是黄色晶体，因此更多的人称它为黄血盐。它与三氯化铁反应后，得到亚铁氰化铁，也就是普鲁士蓝。它在印染工业，广泛运用各种化学反应来进行染色和漂白。例如大家比较熟悉的一种蓝色染料——阴丹士林蓝，它是一种不溶于水的优良染料。为了使它能够均匀地染在纱（布）上，染色前先用一种叫做保险粉的还原剂把它还

普鲁士蓝

原成近乎无色的可溶性物质，然后让棉纱或布匹吸足这个可溶性物质的溶液，最后把纱或布晾在空气中。于是，可溶性物质被空气中的氧所氧化，就变成不溶性的阴丹士林蓝。这种蓝色很难洗掉，长久不退。

　　有颜色的布退掉颜色本来是件坏事，是穿衣的人所不希望的，但是有时在印染过程中，却偏偏要把已经染好的布像上面实验中那样，把它退掉。例如，有一些蓝底白花的布，就是在蓝布上印上氧化剂（如漂白精）或还原剂（如保险粉）之类的溶液，经过一定的处理后，使蓝布显现出白花来。

其实，不仅星星可以"旅行"，小象亦可。

【实验用品】50 毫升烧杯、量筒、滤纸、毛笔 2 支、0.1 摩/升盐酸、0.1 摩/升氢氧化钠溶液、酚酞溶液。

【实验步骤】

1. 向 50 毫升烧杯中加入 20 毫升 0.1 摩/升氢氧化钠溶液，再加入 1～2 毫升酚酞溶液，混合液呈红色。

2. 取两张大小相同的白色滤纸，用毛笔蘸取 0.1 摩/升氢氧化钠和酚酞的混合液。在第一张白纸上画一个红色的小象，再用另一支毛笔蘸取酚酞溶液在第二张白滤纸上画一只小象（由于酚酞无色，画上的小象看不出颜色，干燥待用）。

3. 再取两张同样大小的白滤纸，一张用 0.1 摩/升盐酸溶液浸透，一张用 0.1 摩/升氢氧化钠溶液浸透。

4. 把浸透盐酸的滤纸覆盖在第一张纸上按紧一会儿再揭开，小象不见了。把浸透氢氧化钠溶液的滤纸覆盖在第二张纸上，按紧一会儿再揭开。一个红色的小象出现了。小象好像从第一张纸上跑到第二张纸上。

【实验分析】

1. 酚酞指示剂在溶液中的变色范围是：pH 值为 1～8 时为无色；pH 值为 8～10 时为浅红色；pH 值为 10～14 时为红色。

2. 酚酞指示剂在 pH 值 > 10 的溶液中显红色。在第一张白滤纸上，是用氢氧化钠和酚酞的混合液画的小象，所以画出一只红小象。当把浸透盐酸的白滤纸覆盖在它上面时，氢氧化钠与盐酸发生中和反应：

$$NaOH + HCl == NaCl + H_2O$$

生成盐和水，溶液显中性。酚酞在中性溶液中无色，所以红色的小象突然不见了。

3. 第二张滤纸上是用酚酞画的小象，酚酞溶液是无色的，所以画的小象也是无色的。当用浸透氢氧化钠溶液的滤纸盖在上面时，酚酞在碱性溶液中（pH 值 > 10）显红色，所以第二张白滤纸上出现了红色的小象，就像小象从第一张滤纸上跑到了第二张滤纸上。

4. 用毛笔在白滤纸上画小象时，笔道不要太粗，画的要清晰。这样在第二张滤纸上出现的小象才不致模糊不清。

酚 酞

酚酞为白色或微带黄色的细小晶体，无臭，无味，由邻苯二甲酸酐和苯酚在加入脱水剂的条件下加热至115～120℃进行缩合制得，熔点258～262℃，难溶于水而易溶于酒精，因此通常把酚酞配制成酒精溶液使用。

酚酞作为一种常用指示剂，广泛使用于酸碱滴定过程中。通常情况下酚酞遇酸溶液不变色，遇中性溶液也不变色，遇碱溶液变红色。然而，酚酞在强碱中由红色迅速退为无色，而遇浓硫酸变橙色。在稀酸溶液中酚酞滴加过量造成沉淀，使溶液变成白色浑浊。

无中生有

取两只无色的广口玻璃瓶，洗涤干净，并且使它干燥，待用。实验开始后，在其中一只广口瓶里，加入几滴浓氨水，在另一只广口瓶里加入几滴浓盐酸（氯化氢的水溶液），用塞子分别把这两只瓶子塞好以后，用力摇荡，尽量使氨水和盐酸均匀地沾润瓶壁。这时候，两只瓶里看上去"空空如也"，没有什么现象出现。

现在，拔掉两个玻璃瓶上的塞子，把沾有盐酸的瓶子放在上方，沾有氨水的瓶子在下方，把它们口对口地上下叠置起来，过了一会儿，在两只瓶口之间就发生了浓浓的白烟，并且继续蔓延到两只瓶内，甚至在瓶壁上出现了白色的粉末。烟雾弥漫的现象，颇为奇异。

原来，在被称为空瓶的两只玻璃瓶

空瓶发烟

壁上，实际上各自已沾有浓氨水和浓盐酸了。因为氨水和纯盐酸都是无色的，装在瓶内的数量也少得很，而且是比较均匀地沾在瓶壁上，所以两个瓶子都不带什么颜色。但是，氨水和盐酸能分别放出无色的氨和氯化氢气体，当两玻璃瓶上下对叠时，较重的氯化氢气体便向下扩散，而较轻的氨气向上扩散，它们相遇时发生作用，就生成非常细小的、白色的氯化铵固体，所以呈现出浓浓的烟雾来。

氯化铵加热时也很容易分解成氨和氯化氢气体，冷却时氨和氯化氢又重新结合成白色的氯化铵粉末。如果把氯化铵和火药放在一起，火药燃烧时，它就产生非常浓的烟雾，所以曾经用它来制造烟幕。

▌▌▌ 纸杯跳高

氢气不但比重小，可以用来充气球，并且在适当的条件下，它还具有爆炸的可能。

取一只口径比较大的瓶子，放入十几颗锌粒（铺满瓶底即可）。然后配上一个钻有两个孔的橡皮塞或软木塞。在瓶塞的一个孔内插入玻璃漏斗，另一个孔内插入弯玻璃管。弯玻璃管用橡皮管和另一玻璃管连接。这样，一个简易的氢气发生器便装好了。

再做收集氢气的准备工作。

把一只蜡纸杯（如盛雪花膏或冷饮等用的纸杯）装满水，倒覆在盛满清水的盆子里，待用。

制取氢气时，只须将稀硫酸（浓度为20%左右）从玻璃漏斗注入瓶中，不用打开木塞（加入稀硫酸的量，以足够浸没锌粒为妥）。为了收集纯净的氢气，在收集气体以前，必须尽量赶跑瓶中原有的空气。因此，应该等到锌粒和稀硫酸发生反应约半分钟以后，检验一下氢气的纯度。检验时取一小试管，装满了水，用拇指堵住管口，倒置在水槽中。把玻璃管插入试管内，排水收集氢气。氢气集满后，仍用拇指堵住管口，然后对着灯焰放开。如果氢气不纯就会发生尖锐的鸣声，重复试验直到鸣声微弱为止。这时，把玻璃管伸入纸杯内。等纸杯中的氢气收满以后，立刻用玻璃片封住杯口，最后从水中拿出，让它倒放在桌子上。

把氢气发生器移开以后，就可以开始进行纸杯跳高的实验了。

a.排水法收集氢气　　　　　　b.向下排空气法收集氢气

制取氧气装备

开始时，先抽去纸杯底下的玻璃片，并用木块或火柴梗把纸杯口的一边垫高些，让它稍为歪斜，然后在纸杯底上戳一个小洞。接着，用一根点燃的引火木条在洞口附近点火。因为氢气比空气轻，它会通过小洞逸出，点火后，就发生火焰，同时可以听见慢慢加强的鸣叫声，最后，纸杯也随着跳了起来。有时纸杯仅仅是跳动，有时却会飞到两三米高。

为什么氢气开始时能安静地燃烧，只有十分微弱的鸣声，而到后来又会发生响亮的爆鸣呢？为什么纸杯会发生跳跃呢？你能把其中的原因解释清楚吗？

原来氢气在不同的条件下，燃烧情况是不同的。开始的时候，纸杯里充满的是纯净的氢气。氢气遇火时，仅仅是它和空气接触的那部分发生了燃烧，并且燃烧是缓慢地在杯外进行。随着氢气的燃烧，杯内氢气不断消耗，空气就不断从杯口补充到杯内，并与氢气混合。当杯内氢气和空气的量达到一定比例时，洞口的火焰便能使杯内的混合气体发生燃烧。由于燃烧过程极为迅速，燃烧产生的热量又使气体迅速膨胀，从而发生了爆炸现象。

爆炸的剧烈与否，取决于燃烧速率，而燃烧速率又取决于氧气与氢气混合的均匀程度。

氢气和氧气的混合气体点燃时有爆炸的可能，所以在做这个实验时，如果没有经验，最好在老师的指导下进行。但是爆炸也不是随意发生的，而是当氢气和氧气达到一定比例时点火才会发生。制造氢气和氧气的电解水工厂，为了防止阴极产生的氢气和阳极产生的氧气相混合，中间要用隔膜把它们分开，并控制好两极室的压强。进行氢气燃烧实验时，必须事先检查所收集的气体的纯度。纯净氢气是能够安静地燃烧而不发生爆炸的。

气球"自大"

篮球瘪了，要用打气筒打气，球才会重新鼓起来。就是那小小的玩具气球，如果不吹气，它同样不会鼓起来。

现在我们来做一个不用打气也不用吹气，却能使气球自动变大的实验。找一个干燥的、容量约 1000 毫升的平底烧瓶（其他瓶子也可以，瓶越大，气球也就吹得越大），并且配上橡皮塞。塞上钻一个小孔，孔径恰好能紧密地插进一根中空的玻璃管。在这支玻璃管的顶端紧紧扎上一个小的彩色气球。气球扎好后，从玻璃管向球里吹气几次，以检查捆扎是否有漏气现象。准备妥当后，以供后面实验使用。

接着，在一支较大的试管中放入氯化铵和消石灰各约 5～10 克，混合均匀，再配以橡皮塞和导管，装配成制取氨气的装置。然后将前面准备好的平底烧瓶用手握住，倒覆在导管上，并在烧瓶口用一团棉花松松地塞住。最后加热试管底部。氯化铵和消石灰受热后，很快就发生反应，生成了氯化钙、水和氨气。

氨气比空气轻，从导管逸出后，能把平底烧瓶中空气排出来。当烧瓶充满了氨气后（可用一张湿的红色石蕊试纸来检查，若放在瓶口的试纸变蓝，即表示瓶中已充满了氨气），立即用前面准备好的带有导管和气球的橡皮塞塞紧。气球在瓶内仍然是瘪的。

一切准备工作做好以后，便可以进行自动吹气球的实验了。这时，只要稍为拔开瓶塞，迅速地往瓶里倒入约 50 毫升的水，再塞紧橡皮塞，轻轻地摇动烧瓶。过一会儿，气球就慢慢地自动大起来。

原因很简单：用打气筒往篮球里打气或往气球里吹气，当球里气体的压强大于球外大气压强时，球就会鼓起来。而在这个实验里，气球的胀大似乎很奇怪，其实道理完全一样。只不过是通过减少气球外部气体压强的方法，使气球内的压强相对变大。当向盛有氨气的瓶子里倒一些水后，瓶中的氨气就迅速地溶解在水中。这时，瓶内气体变得很稀薄，它的压强就明显地小于瓶外的大气压。可是气球内部是通过玻璃管和大气相通的，它的压强仍然和大气压一样。这样，气球内外压强不平衡，且由于气球的外部压强小于气球内部的大气压强，所以大气自动地把气球"吹"大起来了。

大家知道，高空的气体是十分稀薄，那里的气压要比地面的低得多。习惯在地面上生活的人，体内的一切机能都是和地面的气压相适应的。如果人在没有特殊保护的情况下，置身在高空的低压环境中，体内的组织就好像放在那烧瓶里的气球一样，因内外压强的不平衡而不适应。这样一来，人体血液中所含的气体沸腾而

宇航员

出，堵塞血管，妨碍血液流通，人也就会因此死亡。所以，进行宇宙飞行的宇宙飞船，它的机舱是密封的，飞船内气体压力要设法维持接近于地面的正常气压。这样人们在宇宙飞船内才可以正常生活。为了确保安全，宇宙飞行员还要穿宇宙服。宇宙服也是密封的，必要的时候它可以代替密封飞船的作用，保护宇航员的安全。

灌制氢气球还有很多方法，下面一一介绍给大家。

方法一

【实验用品】一只短颈大肚空酒瓶、气球、水盆、玻璃棒、细线、热水。

【实验步骤】

1. 用玻璃棒把气球塞进瓶子内，把气球反扣在瓶口上。使劲给气球吹气，观察气球能否吹大到占据整个瓶内空间。

2. 把气球从瓶中取出，并正套在瓶口上，用细线拴紧。再把瓶子慢慢地斜放在盛有热水的水盆中，使气球露在水外，观察气球是否逐渐被吹大。

【实验分析】

1. 实验原理：在封闭条件下，一定量的空气的体积与温度成正比。

2. 当气球吹气口反扣在瓶口后吹气时，瓶内的空气不能逸出瓶外。一定

要形成封闭条件，否则实验会失败。

3. 应逐渐把瓶子放在热水中，以防止瓶子炸裂。

方法二

【实验用品】启普发生器、具支试管（两个）、单孔橡皮塞、直角玻璃管、玻璃棒、三通管、双联打气球、气球泡、锌粒、稀硫酸（1:4）。

【实验步骤】

1. 实验装置

将两个具支试管配上带有直角玻璃管的单孔橡皮塞。塞内玻管上套上一段长约25厘米的胶皮管。胶皮管的另一端用一小段玻璃棒堵住，中部用锋利的小刀划破一条长约1厘米的直缝（最好先在胶皮管内垫一硬物，然后用小刀划一道缝），制成两个相同的单向阀。其工作原理是：当给胶皮管内的气体加压时，气体可以从管内的直缝里挤出来；而给胶皮管外的气体加压时，胶皮管的直缝就越压越紧，气体就不能进入管内。然后用三通管将两个单向阀和一个双联打气球串联在一起。在进气阀导管上连接氢气源（启普发生器），在出气阀的导管上连接气球泡。

启普发生器

2. 实验方法（操作）

①启开氢气源（启普发生器或贮气瓶）。

②捏放双联打气球，排出具支试管和双联打气球内的空气。

③接上气球泡。

④捏放双联打气球，把氢气压入气球泡内，待气球泡胀后小心取下，用棉线系紧气球泡口，松手，氢气球便腾空而起。

方法三

【实验用品】搪瓷碗、食品袋、双孔橡皮塞、直角导管（两根）、胶皮管（两根、各带弹簧夹）、橡皮唧气球、塑料玩具球、U形管（两臂均塞有带直角导管的单孔塞）、水槽、漏斗、托盘天平、废铝片、氢氧化钠溶液（工业用、20%）、变色硅胶。

【实用步骤】

1. 称取 7 克废铝片于搪瓷碗内，将此碗放入食品袋底部，袋口扎一个插有两根直角导管的双孔橡皮塞，直角导管都连接带弹簧夹的胶皮管 A 和 B。夹紧胶皮管 A 的弹簧夹，将胶皮管 B 与气唧出气端连接，用气唧抽去食品袋中空气，夹紧胶皮管 B 的弹簧夹，拔去气唧。

2. 扭开胶皮管 A 的弹簧夹，用漏斗加入 62.5 克氢氧化钠溶液于搪瓷碗内，夹紧弹簧夹，铝和氢氧化钠就逐渐反应，由慢到快，同时有大量热产生，为此把袋放在盛水的水槽中，不断用冷水冲淋，整个反应约 5 分钟左右完成。

3. 袋中收集的是氢气和水蒸气混合物，冷却到室温，将胶皮管 B 连接到装硅胶的 U 形管和气唧出气端，扭开胶皮管 B 的弹簧夹，鼓动几下气唧，去掉 U 形管内空气，再在气唧管口套上塑料玩具球，不断鼓动气唧，就可制得氢气球。

【实验分析】

1. 采用食品袋作反应器和收集器，不仅取材容易，而且安全、实用。如用小口玻璃容器，则当反应剧烈时，气体要向外冲出，很不安全。

2. 食品袋宜大不宜小，若袋小气量多，就会使袋胀破，造成手足无措的情况。

3. 制得的混合气必须冷却、干燥。否则气球升不起来，或停留在空间的时间短。

4. 食品袋在水槽中用冷水冲淋时要掌握得当，若温度过低，不利于反应速度。

5. 橡皮气唧的两端，分别为出气端和进气端，若系统连接进气端，则鼓动气唧时，气体进入容器，若连接出气端，则鼓动后气体被抽出。

6. 废铝片可用牙膏管、易拉饮料罐等铝制品。

7. 本实验也可用稀硫酸和少量稀盐酸组成的混合酸代替氢氧化钠，效果也良好。

方法四

【实验用品】啤酒瓶、气球、锌粒、稀硫酸（1:4）。

【实验步骤】

取一个啤酒瓶，洗净，加入适量的锌粒和稀硫酸（锌粒和稀硫酸的总体积不能超过瓶子容积的1/3），用湿布包住瓶子，将气球套在瓶子上，不久即能使气球充满氢气。

【实验分析】

1. 事前要用打气筒或用嘴吹气使气球膨胀，放气后再充气，以便充氢气时膨胀迅速。

2. 为了防止反应过程中产生的大量热使瓶子炸裂，必须用湿布包住瓶子。这是充大量氢气球的简易方法。

鸡蛋游泳

新鲜的鸡蛋放在水里，总是沉在水底下而不会浮起来的。可是在下面的实验里，我们不仅可以使鸡蛋浮起来，而且可以叫它上下浮沉。

在一个大茶杯中，放入约半杯清水。把一个没有破损的、体积较小的新鲜鸡蛋放入杯中，这时鸡蛋静静地躺在杯底。然后往茶杯里加入约10毫升的浓盐酸（加入的浓盐酸量大约是清水体积的1/20；如果用稀盐酸，可以酌量多加一些），并且用竹筷或玻璃棒搅匀溶液。不久，鸡蛋壳上慢慢地长出气泡来了，气泡由小到大，由少到多。不多时鸡蛋便缓缓上升，并且还会上下浮沉。

遇到这种情景，大家不免会想：鸡蛋不会浮在清水上面，为什么在加有盐酸的溶液中却能浮起来呢？原因在于蛋壳的主要成分是碳酸钙。它碰到盐酸会起作用，产生大量的二氧化碳气体。

鸡　蛋

由于二氧化碳气体不断地附在蛋壳周围，于是它们的总体积就比鸡蛋原来的体积大得多，浮力也就逐渐增加。等到浮力大于鸡蛋重力的时候，鸡蛋便立刻浮起来了。而当鸡蛋到达液面时，附在它表面上的二氧化碳大部分散走了，当它的重力重新大于浮力时，它就再次没入。

这个实验的成败，除了和盐酸的浓度有关以外，还要求选用的鸡蛋尽可能的小些。鸡蛋越小，它就越容易上升和下沉。

经过一段时间以后，蛋壳不再产生气泡。这时，如果把鸡蛋取出用水冲净，就会发现鸡蛋变得软绵绵，好像已经剥去壳似的。这是因为鸡蛋被盐酸"剥"去了一层硬壳，只剩下不含碳酸钙的软膜。鸡蛋依赖这层软膜，才勉强地包住蛋白和蛋黄，不至破裂流散。

也许你吃过糟蛋吧，糟蛋和咸蛋、皮蛋等不同，它的壳是软的。这是因为它是用酒糟制成的。酒糟中含有的各种有机酸（主要是醋酸），都能和蛋壳中的碳酸钙发生作用，生成二氧化碳气体放出。像盐酸和碳酸钙作用一样，这些有机酸把蛋的硬壳"剥"掉了，所以糟蛋就像没有壳似的发软。

鸡蛋不仅可以在浓硫酸中"游泳"，在其他的液体里它也一样游刃有余。

【实验用品】玻璃瓶 1 个（瓶口须比鸡蛋略小）、茶杯 2 个、碗 1 个、量筒 1 个、玻璃棒、6 摩/升盐酸、食醋、36% ~38% 盐酸、鲜鸡蛋 3 个。

【实验步骤】

1. 将鲜鸡蛋放入一杯醋中，浸泡 24 小时后，蛋壳慢慢变软，且有弹性（有时需换醋再泡一次），然后取玻璃瓶一个，将燃着的纸片投入瓶中，把瓶中空气排走一部分，并立即将软壳蛋直立在瓶口上，瓶内气体冷却后，压力减小，鸡蛋将被吸入瓶中，隔一两天后蛋壳又渐渐变硬，用玻璃棒轻捺蛋壳，便可感觉出来（鸡蛋入瓶）。

2. 将另一个鲜鸡蛋放入一杯水里，鸡蛋将沉到杯底。然后往茶杯里加入约 10 毫升的浓盐酸（加入的浓盐酸大约是清水体积的 1/20；如果用稀盐酸，可酌量多加一些）。用玻璃棒搅拌，不久，鸡蛋壳上慢慢地有气泡产生。这时鸡蛋便缓缓上升，并且还会上下浮沉（鸡蛋游泳）。

3. 将第三个鸡蛋放在一个装有盐酸（6 摩/升）的小碗里，不时转动鸡蛋，让蛋壳与盐酸充分作用。几分钟后，盐酸就会把蛋壳都溶解掉，使鸡蛋变成一个很软的被一层薄膜包围起来的蛋白和蛋黄。小心地将碗里盐酸倒掉，碗内换进清水，反复清洗几次，直到把鸡蛋表面的盐酸和碗里残存的盐酸洗净为止。清洗后，在碗里倒满水，把这个柔软的鸡蛋泡在水中（注意水要把蛋盖没），你将会看到，鸡蛋在渐渐地肿胀。过一天以后，就会发现鸡蛋变大了（小蛋变大蛋）。

【实验分析】

1. 碳酸钙是鸡蛋壳的主要成分之一，它可与酸作用：

$$CaCO_3 + 2HCl == CaCl_2 + H_2O + CO_2\uparrow$$

$$CaCO_3 + 2CH_3COOH == (CH_3COO)_2Ca + H_2O + CO_2\uparrow$$

细胞膜具有渗透作用，水可透过薄膜，而细胞液却不能透过薄膜。

2. 所用鸡蛋必须是新鲜的，不能用石灰或水玻璃处理过的鸡蛋，因处理过的蛋膜，已不起渗透的作用，小蛋不能变大蛋了。

3. 清洗软壳的鸡蛋时，一定要小心，不要把鸡蛋表面的薄膜弄破。

 知识点

盐 酸

盐酸，无色透明液体，是氯化氢的水溶液。浓盐酸具有挥发性，有刺激性气味，能与水和乙醇任意混溶，呈强酸性，能与许多金属和金属的氧化物起作用，能与碱中和，与磷、硫等非金属均无作用。

它用于配制标准溶液滴定碱性物质，调节溶液的酸碱度，水解淀粉和蛋白质等，制备氯化物、胶、药品和染料，有机合成催化剂。

值得一提的是，人类和其他动物的胃壁上有一种特殊的腺体，能把吃下去的食盐变成盐酸。盐酸是胃液的一种成分（浓度约为 0.5%），它能使胃液保持激活胃蛋白酶所需的最适合的 pH 值，它还能使食盐中的蛋白质变性而易于水解，以及杀死随食物进入胃里的细菌。

让你知物明理的化学实验

RANGNI ZHIWUMINGLI DE HUAXUE SHIYAN

在荒郊野外的坟堆附近，夜幕降临后，常会出现一些淡绿色的火光，随风飘浮，忽隐忽现，然是阴森恐怖，仿佛那是游走的鬼魂，有人说这是"鬼火"。其实鬼是不存在的，那么，这火是从何而来呢？

我们知道，火山喷发是地球内部高温的熔融态岩浆及气体在地壳比较脆弱的地方冲出地面的现象。这种真实的火山喷发现象，除了通过影视图片，我们一般是没有机会亲眼见到的。但是我们可以通过一个模拟实验来再现火山喷发的壮观情景！

你也许去过一些溶洞参观，那洞中的奇妙景观让你目不暇接的同时，在你的心中，也许会产生一个疑问：这鬼斧神工的一切是怎么形成的呢？只要做一个实验，你就可以明白其中的奥妙。

在我国历史上的后汉时期，大将军梁翼超有一件"宝衣"。在一个宴会上，他用油渍弄污这件衣服，客人都惋惜不已，只见他把衣服往火光熊熊的炭盆中一放，过了一会，拿起衣服一看，上面的油污被火"洗"没了，而衣服完好无损。客人都惊叹不止。其实，你不必惊叹，一个小小的实验就可以让你明白其中玄机。

火药爆炸之谜

火药是我国古代四大发明之一。它是用硝石、硫黄、木炭按一定比例混合而成。由于木炭的颜色，配成的火药呈黑色，所以又称黑色火药。

火 药

黑色火药的配方，根据使用的要求略有出入。一般地讲，含硝石少一些的，燃烧速率较慢；含硝石多的，爆炸力强。一般的配方含硝酸钾75%，木炭15%，硫黄10%。

火药为什么会爆炸呢？

原来爆炸是一种剧烈的燃烧现象。黑色火药的3种成分，不但分别磨得很细，混合得又很均匀，而且紧紧地填装在密闭的容器里。点燃后，木炭和硫能从周围的硝酸钾中取得氧而激烈地燃烧，燃烧所放出的热又使木炭和硫更快地燃烧。由于反应的传递非常迅速，反应非常剧烈，同时放出的气体（二氧化碳、二氧化硫等）受热迅速膨胀，以致在瞬息之间造成了很大的压力，终于猛烈地冲破容器的包围，发生了爆炸。

有没有办法减缓火药爆炸这一过程，使我们能够从容地、安全地进行观察呢？

取试管一支，放入3~4克硝酸钾固体，用夹子把试管直立地固定在铁架上，然后用酒精灯加热。当硝酸钾熔化成液体后，再取大小如赤豆般的木炭一小块，投进试管中，并继续加热。当温度达到一定程度以后，木炭便在熔融的硝酸钾液体上突然跳跃起来，并且发出灼热的火光。这时应该立即把酒精灯移开，继续观察木炭跳跃的现象。如果木炭停止了跳跃，可重新加热，那么，木炭又会继续跳跃起来。

木炭为什么会突然灼热、发出红光，并且跳跃呢？灼热发光是木炭燃烧的现象。因为任何化学反应都必须在反应物达到一定温度时才能发生。正如煤、木炭等在空气中必须预先加热到一定温度才会燃烧起来，发出光和热一样，木炭与硝酸钾之间的反应也是如此。因此，加热到反应开始以前，木炭并不燃烧，它只是静静地躺在硝酸钾上，毫无动静。一旦开始反应，反应所放出的大量的热便足以使小小的一块木炭在一瞬间灼热发光。这就是木炭突然灼热发光的道理。

木炭在硝酸钾上跳跃，是木炭与硝酸钾反应时产生了二氧化碳气体的缘故。由于反应的部位恰好在木炭和硝酸钾接触的地方，即在木炭的下方，所以这些气体便会把木炭托起来，看上去好像是在向上跳跃一样。当木炭跃起，与硝酸钾脱离后，反应便中断了，气体不再发生，木炭也就受重力的作用而重新落下。当木炭再次落在硝酸钾液体上的时候，便又发生了第二次跳跃。

这个实验十分有趣，但是绝不能采用较大的木炭。因为这个反应从整体讲来，木炭和硝酸钾的接触面比较小，反应不太剧烈；但从局部讲来，反应还是相当剧烈的，木炭的温度可高达1000℃以上。如果木炭太大了，反应进行得过分激烈，它就有可能从试管中跳了出来，也可能把试管炸开。因此，做这个实验时，为了预防万一，还要求实验者把整个装置放在水泥地上或泥地上进行，装置的附近不能有可燃物，人也要距离试管2～3尺（大概1米）以外。

那么，在做这个趣味实验的时候，是不是可以用硫代替木炭进行实验呢？答案是：绝对不可以，这是十分危险的。因为硫是一种比较容易熔化的固体，它在熔融的硝酸钾里马上熔化。这样一来，熔化的硫与硝酸钾接触面积很大，反应十分剧烈，放出的热量和气体很可能来不及排出而使试管爆炸。因此，千万不能用硫代替木炭做这个实验。

火药中的硫与硝酸钾的作用，和木炭相似。硫和硝酸钾到底是"何方神圣"呢？为什么它们有这么大的威力？让我们来慢慢揭秘这两位"神秘杀手"。

硫（S）通常为淡黄色晶体，化学性质比较活泼，能与氧、金属、氢气、卤素（除碘外）及已知的大多数元素化合，还可以与强氧化性的酸、盐、氧化物，浓的强碱溶液反应。它存在正氧化态，也存在负氧化态，可形成离子化合物、共价化合成物和配位共价化合物。

硫在工业中很重要，比如作为电池中或溶液中的硫酸，硫被用来制造火药。硫也是生产橡胶制品的重要原料。硫还被用来杀真菌，用做化肥。硫化物在造纸业中用来漂白。硫还可用于制造黑色火药、焰火、火柴等。硫代硫酸钠和硫代硫酸铵在照相中做定影剂。硫又是制造某些农药（如石灰硫黄合剂）的原料。硫酸镁可用做润滑剂，被加在肥皂中和轻柔磨砂膏中，也可以用做肥料。

医疗上，硫还可用来制硫黄软膏医治某些皮肤病等。硝酸钾（KNO_3）为无色透明斜方或菱形晶体白色粉末，易溶于水，不溶于乙醇，在空气中不易潮解，该产品为强氧化剂，与有机物接触能燃烧爆炸。主要用于制黑色火药、焰火、火柴、导火索、烛芯、烟草、彩电显像管、药物、化学试剂、催化剂、陶瓷釉彩、玻璃、肥料及花卉、蔬菜、果树等经济作物的叶面喷施肥料等。另外，冶金工业、食品工业等将硝酸钾用作辅料。

▌▌▌ 铜锈克星

铜是最早被人类利用的金属，这是因为它的化学性质比较稳定，不容易和其他物质发生化学反应。反过来说，铜的化合物比较容易还原为金属的铜，所以炼铜一般要比炼铁容易一些。

铜虽然不易氧化，但在空气中时间久了，仍能氧化成一层铜的氧化物。在潮湿而且含有二氧化碳或硫化氢的空气中，也会生锈。铜锈的主要成分是绿色的碱式碳酸铜或黑色的氧化铜、硫化铜等。

铜锈可以用机械摩擦的方法来去除。古时候，铜镜变暗了，经常要打磨，就是这个道理。不过，摩擦太麻烦，而且会损害铜器的表面。简易可行的除锈办法，还是靠化学药剂来实现。例如，盐酸、醋酸等非氧化性的酸或氨水、铵盐的水溶液，这些药剂都只与铜锈反应，而不与铜发生反应，所以在去锈的时候，能够完全不伤害铜器。

取两块有锈的铜（如果铜片没有生锈，只要把它放在火焰上灼烧，那么在它的表面上就会生成一层铜的氧化物），其中一块用蘸有醋（或者在2毫升的水中加入2~3滴盐酸）的棉花擦洗，另一块用蘸有氨水（1体积浓氨水用2体积水稀释）或硫酸铵溶液的棉花擦洗。不久，铜锈都从铜器表面上除去了，而棉花却沾上了蓝色。

铜锈去除的原因是由于铜锈与醋酸（或盐酸）发生反应，生成能溶于水的蓝色铜盐（醋酸铜或氯化铜），而和氨水或硫酸铵的水溶液作用的时候，生成的是能溶于水的铜氨化合物，如碳酸铜氨、硫酸铜氨等。这些产物都被棉花揩抹去了，因此铜器重新露出光亮的表面。

如果在氨或铵盐的水溶液中掺进一些白垩粉或浮石粉，就可以提高氨或铵盐的除锈能力。因为加入这些粉末能增加机械摩擦的作用，有助于除去反应所生成的铜盐，使铜锈的内部充分暴露出来，保证了铜锈和氨水能完全地起反应，生成铜氨化合物。另外，粉末也有利于使铜器表面光滑明亮。

铜　镜

自然界的铜主要是以硫化铜和氧化铜的形式存在。绝大多数铜矿含铜量都在2%以下。由于铜矿含铜量低，往往造成冶炼上的麻烦，冶炼费用也必然相应增高。后来人们发现，铜的化合物可以溶解在氨水里，而且铜矿中的杂质主要是铁的硫化物和氧化物，或者是硅、铝、钙等的氧化物，它们都是不溶于氨水的。因此，只要把铜矿粉浸在氨水中（为了防止氨变为气体逃逸，在氨水里还溶有二氧化碳，使一部分氨成为碳酸铵，减少氨水中的含氨量，使氨不易挥发），所得到的澄清液就是比较纯净的铜氨化合物溶液。然后将这个溶液送到蒸发锅去加热，铜氨化合物重新分解，放出氨气和二氧化碳，留在锅内的，便是纯度相当高的氧化铜。这种氧化铜再用炭来还原，便可得到金属铜，而分解出来的氨和二氧化碳还可以重新溶在水里循环使用，不会有很大损失。这种提炼方法，非常适用于从贫矿中提炼铜，所以应用日见广泛。这种冶炼方法也可以这样进行：

在地质条件和经济条件合适的情况下，只要钻一些深井直通铜矿，然后用一根管子把氨水灌进去，使氨水和铜矿发生反应，生成铜氨化合物的溶液，再从另一根管子流出来。因为这种方法不需要工人到地下采挖，能减轻劳动强度、改善劳动条件、节省开采费用，同时也有利于进行大规模的和连续的生产。

由于铜有较稳定的氧化性，因此我们可以通过铜的这一特性来测量空气中氧气的含量。

【实验用品】注射器（50毫升）、酒精灯、玻璃管、橡皮管、细铜丝。

【实验步骤】

1. 把长约2厘米的一束细铜丝装进一根长5~6厘米的普通玻璃管中间，两端用两节橡皮管分别跟两只注射器（让一只注射器留出50毫升空气，另一只注射器不留空气）连接起来，使之成为一个密闭系统。推动注射器活塞，空气可以通过装铜丝的玻璃管在两只注射器间来回传送，不会泄漏。

2. 给装有细铜丝的玻璃管加热，待铜丝的温度升高以后，交替地缓缓推动两只注射器的活塞，使空气在热的铜丝上来回流动。经过5~6次来回，空气里的氧气就可以全部与铜化合。

3. 停止加热，冷至室温，读出残留在注射器里的气体体积。减少的体积即为50毫升空气中所含氧气的体积。由此可以推算出空气中氧气的体积百分比。

【实验分析】

1. 注射器不宜太小，注射器内留的空气亦不宜太少。

2. 经过实验，玻璃管里的铜丝已被氧化，最好更换新铜丝也可取出，将黑色铜丝放在酒精灯上烧呈红热，即刻投入少量酒精中，使之还原为紫红色铜丝再用。

触类旁通，给大家介绍另一种日常生活中常见的金属——铁在空气中如何被氧化生锈的实验，并且利用这一性质，在空气中测量氧气的含量。

【实验用品】小试管、带有细玻璃导管的橡皮塞、250毫升广口瓶、新制铁屑少许、水。

【实验步骤】

1. 把少量用水（水中可加一些醋酸）浸湿的铁屑放在一个小试管内，用带有细玻璃导管的橡皮塞塞紧，把露在试管外面的细玻璃管插入盛水的广口瓶中。

2. 每天观察铁屑表面生锈的情况及水面逐渐上升的高度。

【实验分析】

1. 在充满空气的密闭容器中，铁生锈时要消耗氧气，使密闭容器内气体压强低于容器外的大气压强，水即被吸入容器。根据流进容器内的水的体积，可测定空气中氧气的含量。

2. 本实验所需时间较长，铁屑生锈大约在 2~3 天后可能出现。氧气绝大部分被消耗则需更长时间。

3. 单孔橡皮塞上的玻璃导管的内径越细越好，露出广口瓶之外的部分越短越好。

4. 橡皮塞一定要塞紧，装置的气密性好坏是实验成败的关键。

5. 铁屑应先分别用碱、酸液除去表面的油和锈。

6. 水中加些醋酸，使水中 H^+ 增多，铁屑表面形成一层电解质溶液的薄膜，会促进铁屑被腐蚀。

7. 如果先用稀硫酸或稀盐酸洗净铁屑表面的铁锈后，再用浓食盐水泡浸处理，由于氯离子的作用，将会加速铁的缓慢氧化速度。

氨 水

氨水为无色透明液体，属于碱，易挥发逸出氨气，有强烈的刺激性气味，能与乙醇混溶，呈弱碱性，能从空气中吸收二氧化碳，与硫酸或其他强酸反应时放出热，与挥发性酸放在近处能形成烟雾。中等毒，半数致死量（大鼠，经口）350mg/kg。有腐蚀性、催泪性。

氨水是实验室重要的试剂，军事上作为一种碱性消毒剂，用于消毒沙林类毒剂。无机工业用于制选各种铁盐。毛纺、丝绸、印染等工业用于洗涤羊毛、呢绒、坯布，溶解和调整酸碱度，并作为助染剂等。有机工业用作胺化剂，生产热固性酚醛树脂的催化剂。医药上用稀氨水对呼吸和循环起反射性刺激，医治晕倒和昏厥，并作皮肤刺激药和消毒药，也用作洗涤剂、中和剂、生物碱浸出剂，还用于制药工业、纱罩业、晒图等。

▐▐ 揭秘汽水泡沫

盛夏酷暑，人们出汗较多，特别是在高温条件下从事体力劳动的人，出汗更多。如不采取必要的降温措施，就有可能引起高温中暑。因此，一方面要考虑防暑降温设备、改进劳动条件和各项保健措施，另一方面还必须适时地、大量地供应含盐的清凉饮料，以补充体内损失的水分和盐分。盐汽水是其中比较理想的一种。

汽水可以消暑，主要的原因是它溶解有大量二氧化碳气体的缘故。汽水进入胃里，吸收了热量，二氧化碳从汽水中解析出来，并从口腔排出到体外，所以饮后令人感到清凉。

自制汽水

要想自己做一瓶汽水，手续也不复杂。先找一只干净的汽水瓶，把冷开水注入瓶中，不要太满，加入适量的砂糖。然后放入 1～5 克小苏打（即碳酸氢钠），最后投入 1.5 克柠檬酸（或酒石酸），立即用塞子塞紧瓶口，并且用绳或铅丝把塞子扎紧，不让汽水冲出。

轻轻摇动瓶子，瓶子里就产生了大量的气泡，并且不断地在上下翻滚着。因为瓶子塞得很紧，气体是无法逸出的。大约经过 20 分钟以后，自制的汽水便可以饮用了。如果预先在水中再加入一些果汁，它的味道还要好一些。

瓶里翻腾着的气泡是什么呢？原来它就是由小苏打和柠檬酸作用生成的二氧化碳气体。

汽水瓶能容纳的二氧化碳气体相当多。原因在于二氧化碳气体能溶解在水里，并且它的溶解量总是随着压力的增大而增加的。由于汽水瓶盖得很紧，瓶子又非常厚实，可以承受比较大的压力。当产生的二氧化碳无处散走，并且越来越多时，瓶内的压力也越来越大。在这样大的压力下，二氧化碳只好乖乖地溶解在溶液里。但是，溶解在水里的二氧化碳并不是安分的，一旦压力降低，它就会重新跑出来。所以，在打开瓶盖的时候，总是有大量气体和泡沫喷出来。

不过，有什么证据说明压力越大，二氧化碳溶解就越多呢？有的，饮用汽水时，就已经说明了这个问题：打开汽水瓶盖的时候，立即会有大量气体和泡沫喷出，这就是瓶内压力降低到常压，二氧化碳的溶解度也下降，过剩的气体立即逸出来了。

下面的实验，更是一个有力的证明。

【实验用品】厚壁无色细口瓶、橡皮塞、烧杯、玻璃棒、碳酸氢钠、柠檬酸（或酒石酸）、白糖。

【实验步骤】

在烧杯中放 1 克碳酸氢钠，加 200 毫升水搅拌使之溶解，然后倒入细口瓶中，再放入 1 克柠檬酸晶体，用橡皮塞塞紧瓶口。振荡，当溶液澄清后打开瓶塞，可见到有大量气泡自液体中逸出。

【实验分析】

1. 柠檬酸又叫 3 – 羟基 – 3 – 羧基戊二酸，分子式为 $C_6H_8O_7$，属于羟基羧酸，具有酸性，所以它能和碳酸氢钠反应生成二氧化碳。汽水中的气泡就是这两种物质反应产生的。当打开瓶盖时，瓶内压强减小，二氧化碳在水中的溶解度减小而从溶液中逸出。柠檬酸用于制造饮料，印染工业上作媒染剂，也是制药工业上的重要原料。天然柠檬汁中含有 6% ~ 10% 的柠檬酸，所以可由柠檬中提取柠檬酸，工业上由蔗糖、甘薯等用柠檬酸酶发酵而得。

2. 下面是一个自制清凉饮料的配方。

水：1000 毫升

商品鲜橘汁：50 毫升

柠檬酸：6 克

小苏打：6 克

白糖：50 克

配制方法：用 1/3 量（约 300 毫升）的水溶解小苏打，其余物质都溶解在剩余的水里（约 700 毫升）。然后把两者混合，放置数分钟即得适口的橘子汽水。

当汽水瓶里的气泡逸出了，液体又恢复平静的时候。如果对着汽水瓶口用力吮吸，平静的液面又将继续翻

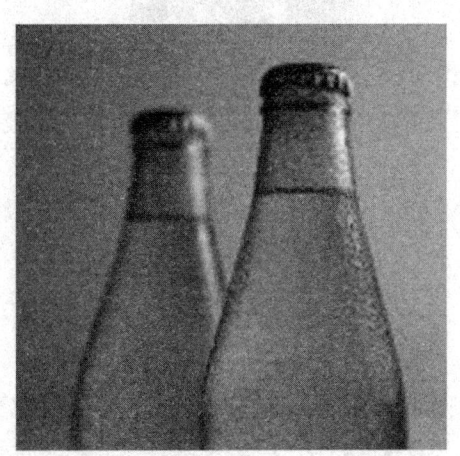

汽 水

腾起来。这也是因为用力吮吸时，瓶内压力继续降低到常压以下，二氧化碳的溶解度又减少了。因此，多余的气体便冒出来。

同时，二氧化碳在水中的溶解度也随温度的下降而增多，所以喝冰冻汽水，更感解渴。

在制备汽水时加入的果汁、砂糖等，只是调味罢了，它们并不起什么化学变化。

从实验中可以知道，汽水里的气泡是由柠檬酸和小苏打作用生成的，为了保证安全，绝对不允许随便增加它们的用量。所选用的瓶，也必须要厚实些的，不能用一般的药水瓶、酱油瓶等质量不好的玻璃瓶。

水

空气

充气的水

汽水原理

至于工厂里生产汽水，方法是这样的：他们先制成二氧化碳，然后用压缩机使二氧化碳在加压的情况下溶解在预先配好的果汁水中。

气体在加压、冷却的时候可以大量溶解，在降压、加热的时候又放出所溶解的气体的这种性质，在工业上广泛用来提纯气体。拿二氧化碳的生产来讲，它多半是从其他生产的副产品中得到的，因此二氧化碳多半不纯，总是混有空气或其他气体。如果在加压的情况下，使二氧化碳在吸收塔中用水淋洗，二氧化碳便溶在水中，而和不溶于水的其他气体分离。再将吸足二氧化碳的水降到常压，二氧化碳便从水中放出。因为这时没有混入其他气体，所以浓度很大。这种浓度很大的二氧化碳气体，可以用来生产干冰、尿素、碳酸氢铵、纯碱等化工产品。

鬼火之谜

过去，在荒郊野外的坟堆附近，夜幕降临后，常会见到一些淡绿色的火光，随风飘浮，忽隐忽现。迷信者说：这是"鬼火"。

其实，"鬼"当然是没有的，而火却是真的。那么，这火是从哪里来的呢？

原来，"鬼火"实际上就是磷火，是埋在土壤里的尸体，在腐烂过程中发生了复杂的化学反应，生成了一种叫磷化氢（PH_3）的物质。磷化氢中还混杂有微量的四氢化磷（P_2H_4），又名联磷。这种联磷在常温下一接触到空气，便会发火自燃，从而引起磷化氢的燃烧，火焰随空气流浮动，这便是所谓的鬼火了。

鬼 火

现在让我们用实验来戳穿"鬼火"的秘密。

在一只大试管里，放入 35 毫升左右的浓氢氧化钾（或氢氧化钠）溶液和一粒小黄豆般大小的黄磷（黄磷又名白磷，必须在专业教师指导下小心使用，因为它有剧毒，并且极易着火燃烧，切割时要在水下进行，不能用手拿，多余的磷必须仍浸泡在水里或煤油里。小黄豆粒大小的磷最好再切碎些，以扩大反应接触面）。用铁夹将试管微微倾斜地固定在铁架台上，试管口塞上一个附有玻璃导管的橡皮塞，导管的另一端浸没在水槽中。然后用酒精灯缓缓加热试管，水槽中的导管口即有气体冒出。此气体一接触空气，旋即发生一团团的火光，这就是"鬼火"了（注意：实验要在通风处进行，人必须站在上风，因为产生的磷化氢有毒。反应后若反应物里仍有黄磷残留，必须妥善处理）。

磷广泛存在于动植物体中，因而它最初从人和动物的尿以及骨骼中取得。这和古代人们从矿物中取得的那些金属元素不同，它是第一个从有机体中取得的元素。最初发现时取得的是白磷，是白色半透明晶体，在空气中缓慢氧化，产生的能量以光的形式放出，因此在暗处发光。当白磷在空气中氧化到表面积聚的能量使温度达到 40℃时，便达到磷的燃点而自燃。所以白磷曾在 19 世纪早期被用于火柴的制作中，但由于当时白磷的产量很少而且有剧毒，使用白磷制成的火柴极易着火，效果倒是很好，可是不安全，所以很快就不再使用了。到1845年，奥地利化学家施勒特尔发现了红磷，确定白磷和红磷是同素异形体。由于红磷无毒，在240℃左右着火，受热后能转变成白磷而燃烧，于是，红磷成为制造火柴的原料，一直沿用至今。

关于磷元素的发现，还得从欧洲中世纪的炼金术说起。那时候，盛行着炼金术，据说只要找到一种聪明人的石头——哲人石，便可以点石成金，让普通的铅、铁变成贵重的黄金。炼金术家仿佛疯子一般，采用稀奇古怪的器皿和物质，在幽暗的小屋里，口中念着咒语，在炉火里炼，在大缸中搅，朝思暮想寻觅点石成金的哲人石。1669年，德国汉堡一位叫布朗特的商人在强热蒸发人尿的过程中，没有制得黄金，却意外地得到一种像白蜡一样的物质，在黑暗的小屋里闪闪发光。这从未见过的白蜡模样的东西，虽不是布朗特梦寐以求的黄金，可那神奇的蓝绿色的火光却令他兴奋得手舞足蹈。他发现这种绿火不发热，不引燃其他物质，是一种冷光。于是，他就以"冷光"的意思命名这种新发现的物质为"磷"。

拉瓦锡首先把磷列入化学元素的行列。他燃烧了磷和其他物质，确定了空气的组成成分。磷的发现促进了人们对空气的认识。

磷在食物中分布很广，无论动物性食物或植物性食物，在其细胞中，都含有丰富的磷，动物的乳汁中也含有磷，所以磷是与蛋白质并存的，瘦肉、蛋、奶，动物的肝、肾含量都很高，海带、紫菜、芝麻酱、花生、干豆类、

磷

坚果粗粮含磷也较丰富。但粮谷中的磷为植酸磷，不经过加工处理，吸收利用率低。

此外，磷还是构成骨骼和牙齿的重要成分。磷为骨和牙齿的形成及维持所必需。例如在骨的形成过程中2克钙需要1克磷。

所以人类在摄取了这些食物以后，人类体内磷的含量会增加，特别是骨骼和牙齿上。在人死后，这些磷却没有"死"。在达到磷自燃的条件后，"鬼火"也就出现了。

这个实验用事实告诉我们："鬼

火"并不存在，它只是自然界物质存在的一种现象罢了。

衣上为何现盐花

在炎热的夏天，为什么汗出多了，衣服上就可能出现盐花？盛滴滴涕的铁罐为什么外面总带有白霜？像这类问题，如果动手做做下面的实验，就可能得到启发，从而获得正确的解答。

取 2 ~ 3 毫升酒精，放至小烧杯里，外面用热水温热片刻，然后将事先研碎的樟脑丸粉末渐渐加入，直到粉末不再溶解为止。这个溶液就叫樟脑丸的"饱和溶液"（其中樟脑叫溶质，酒精叫溶剂）。然后把这个溶液倒在一块玻璃板或光滑的木板上，不久，玻璃板上就出现枝干参差的白色树状图案（如果用成分是萘的卫生球来做，效果相同）。

经验告诉我们：温度越高，物质的溶解量一般也越大。因为樟脑在酒精里的溶解量是随着温度的升高而增加，也随着温度的降低而减少的。因此在热的酒精里，樟脑很容易溶解，并且很快达到饱和。当溶液倒在玻璃板上的时候，温度骤然降低了，樟脑在酒精中的溶解量也随着降低，所以过多的樟脑就成白色晶体析出。同时酒精的挥发性较大，不久就全部化为蒸气散失。溶剂减少了，樟脑就更加快地结晶出来。

至于为什么会出现参差的树枝状，主要是因为溶液在玻璃板上结晶，首先是在某些点上开始的，以后陆续析出的晶体，都是长在已经析出的晶体上。晶体越是突出的部分，与浴液接触的机会也越多，长得就越快。所以晶体的析出，不是向四面平均发展，而是一条一条的，和树枝差不多。

衣服上出现盐花和盛滴滴涕的铁罐外出现白霜的原因，也是由于溶剂蒸发了，使溶质析出所引起的。

利用溶剂蒸发而引起结晶这一原理的实例很多。我们日常生活中不可少的食盐，绝大部分就是用蒸发结晶的方法从海水里获得的（西南一带出产的岩盐是例外）：首先把海水引到盐田里，然后利用日晒和风吹使海水蒸发，最后便析出了晶体状态的食盐。化学实验室内所用的固体药品，以及其他许许多多的固体医药品，大部分也是用蒸发和冷却的办法，从溶液里获得的。

前面讲到溶解过程的热效应，接下来我们要了解与溶解对应的结晶的热

食盐晶体

效应。

【实验用品】烧杯（50毫升）、酒精灯、温度计、三脚架、石棉网、硫代硫酸钠的晶体。

【实验步骤】

1. 在一个 50 毫升容量的小烧杯里，加入 30 ~ 40 克硫代硫酸钠的晶体（$Na_2S_2O_3 \cdot 5H_2O$），将烧杯垫上石棉网放在三脚架上加热，把硫代硫酸钠晶体熔化，冷却备用（演示前数小时要准备好）。

2. 待熔化了的硫代硫酸钠冷至室温（若无晶种一般放置 10 天半月，甚至是更长的时间也不会结晶）。演示时，用水将温度计的水银球浸湿，沾取少许硫代硫酸钠晶体作为结晶的种子（晶种），插入硫代硫酸钠熔体中，此时温度计上水银球的晶体迅速生长。温度计温度升高。1 分钟以内，熔体全部结晶，同时释放出结晶热。在实验条件下，温升达 45℃ 左右，维持的时间约半小时。

【实验分析】

1. 硫代硫酸钠晶体被加热到 48.2℃ 以上时便开始熔化成液体，但这不是五水合硫代硫酸钠的真正熔点。因为加热时硫代硫酸钠溶解在它失去的结晶水里形成溶液，直到 60℃ 左右样品才全部熔化。这种液体实际上是一种溶液，只是它的组成跟盐相同，即 5 摩尔/升水比 1 摩尔/升硫代硫酸钠。这些水合物的熔体，冷却到 48.2℃ 甚至更低的温度，因形成过饱和溶液而有它特殊的稳定性。

2. 当用硫代硫酸钠晶体作为晶种投入熔体，就会以五水合硫代硫酸钠形式结晶。用其他晶系的晶体（如食盐晶体）去引发五水合硫代硫酸钠结晶是没有效果的。

3. 由于液态硫代硫酸钠晶体的形成是一个吸热过程，因此它的逆过程就是一个放热过程。在一般实验条件下，不论室温高或低，不论五水合硫代硫酸钠熔体的量是多或少，结晶时温度计的温度只上升到 45℃ ~46℃ 就不再上升了。有人测定，从五水合硫代硫酸钠熔体中析出硫代硫酸钠晶体时的结晶热是零下128.45焦耳/克（31.88千焦/摩尔）。

4. 实验后的五水合硫代硫酸钠晶体，经再熔化、冷却、放置，在以后的演示实验中还可继续使用。

二氧化碳为何能灭火

在日常生产和生活中往往出现失火的情况。失火就要及时抢救，但如果没有弄清起火原因，乱用灭火设备，可能会造成其他不必要的损失。所以，平时每个人都应懂得一点消防灭火知识。例如，遇到油类起火，就不能用水来浇。大家知道，油比水轻得多，燃烧着的油不仅可以浮在水上继续燃烧，而且会使火焰随着水的流动而蔓延开来，故油类起火应该选用泡沫灭火机。泡沫灭火机为什么能扑灭油类的火焰呢？我们可以做个泡沫灭火的实验，看一看火是怎样被扑灭的。

准备一个比较坚固的玻璃瓶和附有玻璃管的橡皮塞，玻璃管通过一小段橡皮管和另一尖嘴玻璃管连接。再把溶有小苏打和肥皂的溶液注入瓶中，约大半瓶。然后把装满明矾溶液的两支试管小心地放入瓶里（每支试管里插入一根适当长度的小竹筷，以免在瓶子翻转时把试管撞破）。最后塞上事前配好的塞子。

当倾倒瓶子时，两种溶液便相互混合并发生化学作用，产生了大量带有二氧化碳气体的泡沫。

手提式灭火器

由于气体不断地增加，压力增大到一定程度的时候，就会把泡沫压出。只要用手压紧塞子，不使瓶塞松动，并控制好管口的尖嘴玻璃管，就可以使泡沫喷射到着火的地方，把火扑灭。

假如把泡沫液喷在一个盛有煤油的已经着火的铁罐中,火焰就会马上熄灭(为了避免发生危险,煤油应少些,薄薄地遮住罐底即可,而且要远离易燃物品)。

在这个实验里,因为明矾(含结晶水的硫酸钾和硫酸铝的复盐)和小苏打(碳酸氢钠)反应时,不但产生了大量的二氧化碳气体,而且还生成胶体状态的氢氧化铝。同时,溶液里还加有肥皂或肥皂粉等可以形成比较稳定泡沫的物质。所以二氧化碳冒出时,便能产生大量不易破裂的气泡。泡沫的比重只有0.15~0.25,比油类还要轻,因此灭火器所形成的泡沫,总是浮罩在油类的液面上。由于充满了二氧化碳的泡沫像一张棉被那样覆盖在油类上面,隔绝了燃烧物和空气的接触,很快便把火闷熄了,所以它具有特殊的灭火效果。

一般的酸碱式灭火器虽然在二氧化碳气体冲出时也能产生一些泡沫,但这种泡沫十分容易破裂,并且还存在着大量的水,所以用它去扑灭油类的着火,比用水去扑灭也好不了多少。

虽然实际使用的泡沫式灭火器比实验时的形式要完善得多,但原理却是一致的。

左手把持喷粉枪管托,右手把持枪把用手指扳动喷粉开关,对准火焰喷射,不断靠前左右地摆动喷粉枪,把干粉笼罩住燃烧区,直至把火扑灭为止。

灭火器的使用

泡沫灭火器主要用于扑灭油类的着火,对于电器或精密仪器的着火,便不太适合,因为它喷射出来的泡沫是能导电的,同时也容易把仪器损坏。要扑灭这类设备的着火,最好是用液体二氧化碳灭火器。二氧化碳在常温常压下本是气体,但在加压的条件下,可以成为液体。液体二氧化碳灭火器就是把液体二氧化碳储存在一个耐高压的钢筒里,使用时只需把阀门打开,液体的二氧化碳即因压强降低而变成气体,喷射到燃烧的物体上。二氧化碳气体比空气重,它可以覆盖在燃烧物上,把火灭掉。二氧化碳灭火机灭火时,不留下任何痕迹,不损坏仪器和文件。

大家清楚了二氧化碳灭火器的工作原理以后,接下来要了解一下各种二氧化碳灭火器的使用方法。

灭火时只要将灭火器提到或扛到火场，在距燃烧物 5 米左右，放下灭火器拔出保险销，一手握住喇叭筒根部的手柄，另一只手紧握启闭阀的压把。对没有喷射软管的二氧化碳灭火器，应把喇叭筒往上板 70 ~ 90 度。使用时，不能直接用手抓住喇叭筒外壁或金属连线管，防止手被冻伤。灭火时，当可燃液体呈流淌状燃烧时，使用者将二氧化碳灭火剂的喷流由近而远向火焰喷射。如果可燃液体在容器内燃烧时，使用者应将喇叭筒提起。从容器的一侧上部向燃烧的容器中喷射。但不能将二氧化碳射流直接冲击可燃液面，以防止将可燃液体冲出容器而扩大火势，造成灭火困难。

推车式二氧化碳灭火器一般由两人操作，使用时两人一起将灭火器推或拉到燃烧处，在离燃烧物 10 米左右停下，一人快速取下喇叭筒并展开喷射软管后，握住喇叭筒根部的手柄，另一人快速按逆时针方向旋动手轮，并开到最大位置。灭火方法与手提式的方法一样。

使用二氧化碳灭火器时，在室外使用的，应选择在上风方向喷射。在室外内窄小空间使用的，灭火后操作者应迅速离开，以防窒息。

喷泉为何会变色

喷泉原是一种自然景观，是承压水的地面露头。园林中的喷泉，一般是为了造景的需要，人工建造的具有装饰性的喷水装置。喷泉可以湿润周围空气，减少尘埃，降低气温。喷泉的细小水珠同空气分子撞击，能产生大量的负氧离子。因此，喷泉有益于改善城市面貌和增进居民身心健康。

先动手做一个普通的喷泉

取两只玻璃瓶，装配妥善，注意不要让装置漏气，连接气体发生器（左瓶）的玻璃管不能装得太低，喷水管的口径最好是比较细的。

先在另一瓶内盛满染成红色的水（水中加几滴红墨水即可），然后向气体发生器里放入十几粒像黄豆般大小的锌粒。再注入稀硫酸（浓度约为 20%），直到瓶里的锌粒完全浸没为止，塞紧木塞。

不久可以看到，红色的水从尖嘴玻管喷出，很像公园里的喷泉。如果做

喷 泉

得好，这喷泉喷水的高度可以达到2～3米。

实验时，从开始喷水起，就要用手压紧两个木塞，以防木塞冲出，使实验失败。气体发生器最好用布包起来，以免万一瓶爆裂伤人。

这个实验的原理很简单：当锌和稀硫酸接触时，随即发生反应，生成氢气。由于氢气极难溶解在水里，随着氢气量的不断增多，氢气对水的压力也越来越大，最后终于使水通过尖嘴玻璃管压了出来，形成喷泉。

接下来是彩色喷泉

当带有颜色的地下水喷出时，就可能形成各种美丽的彩色喷泉。例如我国的西藏有很多喷泉，就含有大量乳白色的、淡黄色的或玫瑰色的矿物质。

下面我们来做一个比大自然的喷泉更加奇异得多的实验。

首先按图的要求准备仪器，然后把5克氯化铵和10克消石灰（即氢氧化钙）混合均匀，放入瓶1，把瓶2装上，并在瓶口塞一团棉花。最后用酒精灯加热瓶1，几分钟后，便有无色氨气产生。

用一张润湿的红色石蕊试纸移近瓶2的瓶口，如果试纸由红色变为蓝色，就证明瓶内氨气已经收集满。接着，停止加热，把瓶2取下，装在盛有满瓶酚酞溶液（先在瓶子里盛满清水，然后加数滴

彩色喷泉试验

0.1%酚酞酒精溶液即可）的
瓶3上面，并用装在橡皮塞上
的玻璃管把瓶2和瓶3连接起
来，并把橡皮塞塞紧。

最后，从装在瓶3塞子上
的弯玻璃导管向瓶内吹一口
气，使少量的酚酞溶液通过玻
璃管尖口压入瓶2中。以后虽
然已经停止了吹气，但无色的
酚酞溶液仍会继续自动地上
升，并且愈来愈剧烈，最后终

彩色喷泉

于形成了喷泉，冲击着上面的瓶底，发出"沙沙"的响声；同时，无色的溶
液在喷出玻璃管尖口的一刹那，也变成了红色，十分好看。

现在让我们来研究变色喷泉形成的原因。

因为氨气是一种极易溶于水的气体，在通常的温度下，1升水可溶解700
升左右的氨气，在0℃时甚至可以溶解将近1200升。所以，当酚酞溶液冲出
玻璃管尖口时，瓶2里的氨气立即溶解在水中。因为瓶2里的氨气减少了，
气压也随着降低，所以瓶3里的酚酞溶液在大气的压力下，就通过尖口玻璃
管压到压力较小的瓶2里。氨溶解得愈多，瓶2里的气压就愈小，酚酞溶液
上升也就愈快，终于形成小水柱喷出。

至于喷泉为什么会变色，这是由于氨水是碱性物质，而碱性的溶液遇到
无色的酚酞，就会变成红色。

除了酚酞以外，还有许多物质，它们在酸性溶液中或在碱性溶液中有不
同的颜色。例如，石蕊在酸性溶液中显红色，在碱性溶液中则显蓝色；甲基
橙在酸性溶液中显红色，在碱性溶液中却显黄色。在化工生产中和实验时，
常用这些通常称作酸碱指示剂的物质来检验溶液的酸碱性。为了使用方便，
一般都用容易吸水的纸条浸透指示剂溶液，然后晾干制成为指示剂试纸。例
如上述实验中用到的石蕊试纸就是这样制成的。

进一步试验证明，不同的指示剂是在不同的酸碱度下改变颜色的，如果
需要比较精确地了解溶液的酸碱度，可以把几种指示剂按一定比例混合起来，
然后制成试纸。那么，这种指示剂试纸在不同的酸碱度下，就能显出不同的

颜色；根据颜色的变化，便可十分简捷地了解这个溶液的酸碱度了。这就是通常使用的广泛指示剂试纸。

最后是用不同的原料做成的喷泉。

实验一：木炭吸附气体形成喷泉

【实验用品】圆底烧瓶、带尖嘴细玻璃管及止水夹的胶塞、烧杯、木炭、氨气或二氧化氮气体、水。

【实验步骤】

1. 实验装置安装就绪，并检查气密性。

2. 在烧瓶中充满氨气（或二氧化氮气体），然后放入约 2 药匙的木炭粉（小细颗粒），立即塞紧橡皮塞。摇动烧瓶，然后将细玻璃管插入烧杯的水中。

3. 打开止水夹，即可观察到水进入烧瓶中，形成喷泉。

【实验分析】

1. 实验前应将木炭烘干，除去吸附的少量水分，以保证有较好的实验效果。

2. 细玻璃管以细直径为好，同时要尽量短一些，尖嘴的一端放在烧瓶中。

实验二：二氧化碳被降温形成喷泉

【实验用品】平底烧瓶、尖嘴直玻璃管、单孔橡皮塞、大烧杯（500 毫升）、滴管、铁架台（带铁圈）、石灰水、乙醚。

【实验步骤】

先在平底烧瓶里充满二氧化碳气体，插进配有尖嘴直玻璃管的单孔橡皮塞并塞紧，再把玻璃管和烧瓶倒插在装满澄清石灰水的烧杯中。当用滴管在烧瓶底部滴加几滴乙醚时，乙醚挥发降温，使 CO_2 体积缩小，大气压把烧杯里的石灰水沿玻璃管压入烧瓶，形成美丽的白色喷泉。

【实验分析】

实验成功的关键是尖嘴直玻璃管不宜太长，内径宜小不宜大，否则启喷泉的速度慢。一般说来，夏天乙醚使瓶内气体降温快，启喷快，冬天要慢些。

实验三：二氧化碳与石灰水反应形成喷泉

【实验用品】圆底烧瓶（500 毫升）、尖嘴直玻璃管、单孔橡皮塞、大烧杯（500 毫升）、脱脂棉花、石灰水。

【实验步骤】

先使烧瓶充满二氧化碳气棒。在配有单孔橡皮塞的尖嘴直玻璃管靠近尖嘴的一端，用橡皮筋固定一团棉花，并用石灰水浸湿，倒插在装满石灰水的烧杯中。当把充满二氧化碳的烧瓶倒置并将单孔橡皮塞塞紧时，二氧化碳与棉团上的 $Ca(OH)_2$ 反应，降低了瓶内的气压。大气压把烧杯中的石灰水沿玻璃管压入烧瓶，形成美丽的白色喷泉。

【实验分析】

本实验用的玻璃管不宜太细。特别是尖嘴口径太细，瓶内因反应气压降低太甚，大气压有可能把烧瓶压破。鉴于二氧化碳跟石灰水反应迅速，泉液启喷快，可以不把烧瓶固定在铁架台上。

石灰水可用氢氧化钠溶液代替，这种情况下的泉液没有颜色变化。

知识点

石蕊试剂的发现

石蕊作为化学指示剂检验溶液的酸碱性是英国化学家、物理学家波义耳首先发现并开始推广使用的。如何能简便地测出溶液的酸碱性，曾使波义耳及其他科学家大伤脑筋、束手无策。但有一天，问题在波义耳面前出现了转机。这一天，波义耳把刚采来的一束美丽的紫罗兰插在实验室的花瓶里，开始做实验。可是他一不小心把几滴盐酸滴到了紫罗兰的花朵上。他赶忙用清水去冲洗，就在此时，波义耳看到紫罗兰花竟变成了红色花！紫罗兰为什么会变红？波义耳感到很新奇，同时更感兴奋，他决心探根究底、搞个水落石出。波义耳又用硝酸、硫酸、醋酸做实验，结果完全相同———花瓣全变成了红色。经过反复实验，波义耳认定紫罗兰花的浸出液，可用于检验溶液是否呈酸性，进而发现也可用来检验溶液是否呈碱性。

看水如何凝成冰

酷热的夏天，能进行一些制冷的实验，大家一定很有兴趣。

这里向大家介绍两种获得冰水或冰的方法。

取一只小烧杯，四周包有毛巾或泡沫塑料（用以保温）。杯内盛水50克，

人造冰

然后加入 50 克硝酸铵，用玻璃棒搅拌使之溶解，你可以发现，这个溶解过程使溶液的温度明显下降。如果用温度计进行测量，温度大约下降23℃ ~ 27℃（温度下降的幅度决定于环境向溶液传热的情况。如果环境完全不向溶液传热，温度可下降 33℃）。如果做实验的水的温度是 20℃，硝酸铵溶解后其温度约可下降到 – 5℃。

若用这个溶液作冷冻剂，可使盛在金属管中 25 克的清水从 20℃下降到 0℃，或可使 5 克水从20℃凝固成0℃的冰。实验中所用的金属管，可用日光灯上的继电器铝壳。把盛水的铝壳，用图钉固定在木条上，木条则固定在木板上，木板盖在烧杯上。

硝酸铵溶解在水中时，为什么会使溶液的温度下降？这是因为在硝酸铵晶体的分子均匀地分散到水的过程中，硝酸铵分子的运动速度加快了，而分子运动加速所需的能量，主要是依靠吸取周围的热量。在这个实验里，硝酸铵就从水中获取能量，从而使溶液的温度下降了。

应该指出：并不是所有固体物质的溶解都是降低温度的，氢氧化钠溶于水就是使溶液温度升高的例子。固体物质的溶解过程是复杂的。虽然固体物质溶解水时是吸热的，它能使溶液温度降低；但在溶解时，溶质分子会与水发生水合作用，这却是放热的，会使溶液温度升高。因此，固体物质溶解于水时，究竟是把溶液温度升高还是降低，这就看这两方面作用的净剩结果如何了。上面实验的例子是以吸热过程为主的，溶液温度降低了；而像氢氧化钠之类的溶解，是以放热过程为主的，所以溶液的温度显著地增高了。

利用某些物质溶解时吸热来获得低温的方法，在经济上是不合理的，这是因为硝酸铵价格较大，而且再从溶液回收硝酸铵时，消耗的能量甚多，故这种方法除了应用于理论研究外，在实际生产上是没有多大价值的。

在实验室中，常用的是另一种比较经济而且有效的方法。

把冰敲成碎块，放在一个大碗里，然后向碗内加入大量的盐，并略加搅拌。这时一部分冰便融化成水，如果用温度计测量，就可知道盐水的温度比冰还要低。如把盛有清水的小铁罐插在盐水中，并用毛巾或几层纱布覆盖，过不多久铁罐里的水就全部凝结成冰。

用冰和食盐混合来获得低温的原理，与硝酸铵溶于水获得低温的原理完全不同。冰和食盐混合物降温的过程是从盐溶解于水开始的。对于冰来说，水的浓度（100%）高于盐水中水的浓度。浓度的差别迫使水从冰向盐水转移。而这种转移只有通过冰的融化才能实现，而冰的融化是要向周围吸热的，这就导致了盐水温度的下降。盐放得多些，冰融化得也多些，获得的温度也越低。

除了食盐外，其他许多物质，如结晶硫酸钠、氯化钙等都能与冰混合来获得低温。只是食盐价格比较低廉，应用较广。但由于食盐的溶解度较小，温度最低只能降到零下 22.4℃。如果要获得更低的温度，可用其他盐类——溶解度大，产生离子数多的盐类。例如氯化钙和冰的混合物，可获得零下 55℃ 的低温。

冰融化

这些物质通过与冰混合来获得低温，其实只是为了获得冰在溶解过程中释放出来的热量。

在自然界，溶解和结晶是两个相对的概念。溶解过程要吸收大量的热，因此可以使周围的温度降低；结晶则需要释放大量的能量，所以，结晶过程中周围的温度会升高。

在实验室，我们可以利用物质溶解和结晶过程不同的热效应，来制作化学冰袋和化学暖袋。

【实验用品】小塑料袋、大塑料袋、小泡沫塑料块、大头针、硝酸铵晶体、无水氯化钙。

【实验步骤】

1. 化学冰袋

在一完好的不漏水的小塑料袋里盛放 10 毫升的清水，用烙铁封口（或用细线扎紧袋口），保证不漏水。另取一质量较好、透明的塑料袋，称取 10 克干燥的硝酸铵晶体放入塑料袋内；将一根针尖戳在小块泡沫塑料袋上（不要露出针尖）的大头针和盛水的小塑料袋一起放入大袋里，作为内袋。封死大袋口，确保不漏水。这就是化学冰袋。

实验时，先观察袋内的药品，用手接触塑料袋，感到塑料袋的温度为室温。然后看清塑料袋里盛放的大头针，拔出针尖，刺穿内袋，使水从内袋流出与外袋的硝酸铵混合。这时塑料袋的温度急剧下降，可降到零下几度，学生们会感到塑料袋变得冰冷。

2. 化学暖袋

在质量较好的不漏水的小塑料袋里放 17 毫升的清水，封紧袋口，保证不漏水。在另一透明、质量较好的大一些塑料袋里盛放 22 克无水氯化钙；将盛水的小塑料袋放入氯化钙里，作为内袋；再把一根大头针（针尖戳在塑料泡沫块上）也放入袋内。最后将大塑料袋封口，确保不漏水。这就是化学暖袋。

实验时，用袋内的大头针将内袋刺破，氯化钙和水接触，溶于水，放出热量。氯化钙溶于水放热为 19.82 千卡/摩尔（或 178 卡/克），塑料袋的温度很快升高，炙热烫手。

【实验分析】

1. 因为硝酸铵溶于水是一个吸热过程，吸热为 6.26 千卡/摩尔（或约 78 卡/克）。硝酸铵溶于水时吸收了大量的热量，使温度降低，起到降温制冷的作用。

氯化钙溶于水是个放热过程，放热量为 19.82 千卡/摩尔（或 178 卡/克），所以塑料袋很快升温。

2. 化学冰袋还可用硝酸铵和碳酸钠晶体组成。在一只完好的塑料袋内盛放 19 克的硝酸铵晶体，在另一较好的塑料袋内盛放 25 克的纯碱即碳酸钠晶体。使用时，将两袋内的固体药品转入一个袋内，封紧袋口。两种药品混合，发生了吸热反应，使温度降低。

3. 化学暖袋还可用下列方法制成：在内袋里盛放约 17 克的硫代硫酸钠所形成的过饱和溶液，加入少许乙二醇（作为稳定剂，避免过饱和溶液在贮存期间冻结）。外袋盛放约 8 克的硫代硫酸钠晶体。实验时，使劲挤压内袋，使内袋破裂，过饱和的硫代硫酸钠溶液与晶体接触，过饱和溶液便迅速结晶，放出热量。

预测天气的晴雨表

对天气的晴雨，有生活经验的人，常能通过观察某些小昆虫的活动情况来预测。例如，看到蜻蜓飞得很低，蚂蚁成群结队地爬出洞来，就知道天不久将要下雨了。但是这些小昆虫有时不一定能见到。现在我们可以用另一种简单的方法，来试做一个晴雨表。

把一张白纸条放在二氯化钴的饱和溶液里浸透，等到纸条干燥后，就成了一个简单的晴雨表。把它贴在墙上，如果纸上现出了淡红色，就知道不久要下雨了；如果出现蓝色，则是晴天的预兆。

含有结晶水的二氯化钴或二氯化钴水溶液是红色的，而无水的二氯化钴呈蓝色。所

利用蚂蚁活动情况预测天气

以，红色的二氯化钴的水分蒸发后，就会渐渐变成蓝色；把变成蓝色的二氯化钴放在潮湿的空气中，它吸收了空气中的水分，又会恢复红色。大家都知道，天将下雨的时候，空气中的水分比较多，而晴天的空气却是比较干燥的。所以，二氯化钴颜色的变化，就反映了空气中这种干湿的情况。上面所介绍的简易晴雨表，就是利用了它的这种特性做成的。

如果用二氯化钴饱和溶液在白布或者纸上画一幅图画，那么，它将受到空气中水分多少的影响而变色。从这幅图画的颜色来预测天气的晴雨，就更有趣味了。

在天平室里，我们常常会看到在精密天平的玻璃橱内放一小杯紫色块状物，这是干什么用的呢？

原来，杯子里装的就是含二氯化钴的硅胶。硅胶本是无色的，它有很强的吸水能力。硅胶放在天平橱里可以吸去橱内的水蒸气，防止天平受潮锈蚀。经过一段时期后，由于硅胶吸收了多量的水，硅胶内蓝色的无水二氯化钴就

转化成红色的含结晶水的二氯化钴。这就表明硅胶的吸水能力已经很弱了。这时应该把红色硅胶放至烘箱内，在约110℃的温度下将水分蒸发掉。当红色硅胶重新变成蓝色后，这说明它的吸水能力已经恢复，可以放回天平橱内重新使用。

二氯化钴的用途是比较多的，日常生活中人们能感觉到的用途是利用其结合水分子数不同颜色变化以及通过加热可以失水的热致变色的性质，比如用于制气压计、比重计、隐显墨水等；氯化钴试纸在干燥时是蓝色，潮湿时转变为粉红色；硅胶中加一定量的氯化钴，可指示硅胶的吸湿程度，常用于干燥存储器中。

除了二氯化钴以外，还有一些晶体在失去结晶水的时候也会发生颜色的变化。如无水硫酸铜是白色的，无水硫酸铜则是蓝色的。在实验室里，可以用无水硫酸铜来检验某些有机液体是否含有微量水分。例如无水酒精（又叫绝对酒精），它能吸收空气中的水分而使自己含有微量的水。如果放一点无水硫酸铜在这个酒精中，看它是否变蓝，就可以检验出它是否含有水了。

无水硫酸铜为白色或灰白色粉末，溶液呈酸性，粉尘刺鼻性很强，溶于水及稀的乙醇中而不溶于无水乙醇。在潮湿空气中易潮解，吸湿性很强，在高温中形成黑色氧化铜。无水硫酸铜（胆矾经过加热脱水处理后的白色粉末），化学式 $CuSO_4$，一遇水变蓝，通常实验用作证明有无水分存在。无水硫酸铜在化学工业中用来制取其他铜盐的重要原料，主要用于船底防污漆原料、干燥剂、催化剂等方面。硫酸铜溶液浓缩结晶，可得到无水硫酸铜蓝色晶体，相对密度为2.284。五水硫酸铜在常温常压下很稳定，不潮解，在干燥空气中会逐渐风化，加热至45℃时失去二分子结晶水，110℃时失去四分子结晶水，150℃时失去全部结晶水而成无水物。无水物也易吸水转变为五水硫酸铜。常利用这一特性来检验某些液态有机物中是否含有微量水分。将五水硫酸铜加热至650℃高温，可分解为黑色氧化铜、二氧化硫及氧气。

▍▍▍火山喷发

火山喷发是地球内部高温的熔融态岩浆及气体在地壳比较脆弱的地方（如发生裂缝）冲出地面的现象。我国不是多火山地带，因而看到火山喷发的机会是很少的。但若要观察一下类似火山喷发时产生气体、液体及固体物质的喷射现象却是很方便的。

取 3 ~ 5 克重铬酸铵固体（用粉末状的氯化铵和重铬酸钾按重量比 4:1 混合亦可），放在蒸发皿（或铁片）中，用小火加热。当固体受热达到一定温度时，就突然分解成氮气、水和绿色固态三氧化二铬。

在分解的刹那间，由于产生大量高温的气体，压力骤增，因而把分解产物向上方喷射，犹如火山喷发。

火山喷发

利用这个化学反应，还可进行化学反应前后总重量不变的演示实验。它可以这样做：找一个小气球，先用嘴（或打气筒）把气球吹大，再让它收缩，这样反复几次，一方面检查气球是否漏气，另一方面可使气球皮膜松弛，便于实验时收贮气体。再找一根钢笔杆粗细的小试管（如果没有，可用大试管配以橡皮塞和导管代替），在试管中放入米粒大小的重铬酸铵 3 ~ 5 粒（不要多放），把气球捏瘪，排掉其中的空气，小心地套在试管上。准备妥当后，放在天平上称重。做实验时，将试管在小火焰上加热，不久就看到前面所述的现象，瘪的气球也鼓了起来，说明重铬酸钾已经分解，产生了气体及其他物质。待到反应结束，温度下降后，再放在天平上称重，发现反应前后重量并未有明显的变化。

化学反应前后总重量不变，这是人们经过无数次的实践所总结出来的规律。在化学反应中，参加反应前各物质的质量总和等于反应后生成各物质的质量总和。这个规律就叫做质量守恒定律，它是自然界普遍存在的基本定律之一。

在任何与周围隔绝的物质系统（孤立系统）中，不论发生何种变化或过程，其总质量保持不变。18 世纪时，法国化学家拉瓦锡从实验上推翻了燃素说之后，这一定律始得公认。20 世纪初以来，发现高速运动物体的质量随其运动速度而变化，又发现实物和场可以互相转化，因而应按质能关系考虑场的质量。质量概念的发展使质量守恒原理也有了新的发展，质量守恒和能量守恒两条定律通过质能关系合并为一条守恒定律，即质量和能量守恒定律。

质量守恒定律在 19 世纪末做了最后一次检验，那时候的精密测量技术已经高度发达。结果表明，在任何化学反应中质量都不会发生变化（哪怕是最微小的）。例如，把糖溶解在水里，则溶液的质量将严格地等于糖的质量和水的质量之和。实验证明，物体的质量具有不变性。不论如何分割或溶解，质量始终不变。在任何化学反应中质量也保持不变。燃烧前碳的质量与燃烧时空气中消耗的氧的质量之和准确地等于燃烧后所生成物质的质量。

质量守恒定律它对科学研究和生产极为重要。如在化工生产中，人们运用这个规律，就可以根据投入生产的原料的总重量，核算出产物应有的重量。如果反应后产物的重量明显低于核算的重量，这就说明，在生产过程中一定存在问题，从而促使人们去发现问题，对生产技术作进一步改进。

 知识点

重铬酸钾

重铬酸钾为橙红色三斜晶体或针状晶体，可由重铬酸钠与氯化钾或硫酸钾进行复分解反应而制得。溶于水，不溶于乙醇，熔点 398℃，是用途极广的铬化合物，用于铬酸混合液和重铬酸滴定等实验室应用，工业上的铬酸盐、重铬酸盐制造、有机合成、电镀、防腐剂、颜料、媒染剂，照相、印刷、电池、安全火柴、化学研磨剂等。

交警用经硫酸酸化处理的三氧化铬硅胶检查司机呼出的气体，根据硅胶颜色的变化（硅胶中的 +6 价铬能被酒精蒸气还原为 +3 价铬，颜色发生变化，同时根据平衡，发现喝的越多一般颜色越深橙黄变灰绿），可以判断司机是否酒后驾车。

揭秘溶洞形成之谜

你若到过江苏宜兴的善卷洞和张公洞，一定会被洞中的奇妙景色所吸引吧。瞧那耸立在洞口的巨石，那挺拔的擎天石柱以及形形色色的嶙峋怪石……这一切，也许会引起无数游客的遐想：是谁巧夺天工为我们留下这一令人神往的游览胜地的呢？说来，你也许不会相信，这一切并非哪个能工巧匠之杰作，而是大自然（岩石、大气、水、阳光等）的力量长年累月铸成的佳品。

张公洞

让我们通过下述实验，来了解其科学道理吧！

取一只大茶杯，将少量熟石灰即氢氧化钙 $Ca(OH)_2$ 溶在水中，静置片刻，其中还没有溶解的熟石灰便沉积在杯底，因此杯中分成为两层：上层是跟水一样清澈的石灰水，其中含有已经溶解的氢氧化钙；下层是石灰乳，呈浑浊状态。把上层清澈的石灰水小心地倾倒在另一只杯里，然后通过一支玻璃管（也可以用一根麦秆代替）往石灰水里吹气。由于人体内呼出的气体含有二氧化碳，因此石灰水就和它作用而变得浑浊。那些白色的固态细粒，就是反应所生成的碳酸钙沉淀。

如果我们继续往浑浊的石灰水里吹气，不久，它又变得澄清了。这是由于二氧化碳与碳酸钙起作用，生成可溶解于水的碳酸氢钙，因此浑浊液将随着沉淀的溶液而变得澄清。如果把这种澄清液加热，碳酸氢钙又转变为不溶的碳酸钙，于是溶液又重新变浊。

这个实验中，主要的化学材料是石灰石。

石灰和石灰石大量用作建筑材料，也是许多工业的重要原料。石灰石可

石灰石

直接加工成石料和烧制成生石灰。石灰有生石灰和熟石灰。生石灰的主要成分是 CaO，一般呈块状，纯的为白色，含有杂质时为淡灰色或淡黄色。生石灰吸潮或加水就成为消石灰，消石灰也叫熟石灰，它的主要成分是 $Ca(OH)_2$。熟石灰经调配成石灰浆、石灰膏、石灰砂浆等，用作涂装材料和砖瓦黏合剂。水泥是由石灰石和黏土等混合，经高温煅烧制得。玻璃由石灰石、石英砂、纯碱等混合，经高温熔融制得。炼铁用石灰石作熔剂，除去脉石。炼钢用生石灰做造渣材料，除去硫、磷等有害杂质。电石（主要成分是 CaC_2）是生石灰与焦炭在电炉里反应制得。纯碱是用石灰石、食盐、氨等原料经过多步反应制得（索尔维法）。利用消石灰和纯碱反应制成烧碱（苛化法）。利用纯净的消石灰和氯气反应制得漂白剂。利用石灰石的化学加工制成氯化钙、硝酸钙、亚硫酸钙等重要钙盐。消石灰能除去水的暂时硬性，用作硬水软化剂。石灰石燃烧加工制成较纯的粉状碳酸钙，用作橡胶、塑料、纸张、牙膏、化妆品等的填充料。石灰与烧碱制成的碱石灰，用作二氧化碳的吸收剂。生石灰用作干燥剂和消毒剂。农业上，用生石灰配制石灰硫黄合剂、波尔多液等农药。土壤中施用熟石灰可中和土壤的酸性、改善土壤的结构、供给植物所需的钙素。用石灰浆刷树干，可保护树木。

　　石灰石是水泥工业的粮食，是水泥生产的命脉。水泥厂只要生产，就一刻离不开石灰石，谁占有了石灰石资源，谁就占有了水泥工业的发展。目前，我国水泥企业争夺市场之战，也可以说是争夺石灰石资源之战。因此，大企业集团把占有优势石灰石资源作为实现自身发展的战略措施

水 泥

之一。

1. 石灰石是用途极广的宝贵资源。石灰石是石灰岩作为矿物原料的商品名称。石灰岩在人类文明史上，以其在自然界中分布广、易于获取的特点而被广泛应用。作为重要的建筑材料有着悠久的开采历史，在现代工业中，石灰石是制造水泥、石灰、电石的主要原料，是冶金工业中不可缺少的熔剂灰岩，优质石灰石经超细粉磨后，被广泛应用于造纸、橡胶、油漆、涂料、医药、化妆品、饲料、密封、黏结、抛光等产品的制造中。据不完全统计，水泥生产消耗的石灰石和建筑石料、石灰生产、冶金熔剂，超细碳酸钙消耗石灰石的总和之比为 1:3。石灰岩是不可再

化妆品

生资源，随着科学技术的不断进步和纳米技术的发展，石灰石的应用领域还将进一步拓宽。

2. 我国是世界上石灰岩矿资源丰富的国家之一。除上海、香港、澳门外，在各省、直辖市、自治区均有分布。据原国家建材局地质中心统计，全国石灰岩分布面积达 43.8 万平方千米，约占国土面积的 1/20，其中能供做水泥原料的石灰岩资源量约占总资源量的 1/4 ~ 1/3。为了满足环境保护、生态平衡，防止水土流失，风景旅游等方面的需要，特别是随着我国小城镇建设规划的不断完善和落实，可供水泥石灰岩的开采量还将减少。

在大自然里，许多石灰岩地带（主要成分是石灰石），就是由于这个原因而形成了奇峰异洞、危崖怪石以及钟乳石、石笋和石柱等。宜兴的善卷洞、张公洞以及"山水甲天下"的广西桂林，"天下第一奇观"的云南省"石林"等地的风光，就是因为山上的石灰石与含二氧化碳的水作用而溶解，当流到山下，温度升高时又析出碳酸钙，经过长期沉积而成的。有人估计，善卷洞口的巨石已经历了 3.5 万年的不断变迁，才成为今天我们看到的 7 米高的巨石（每 50 年才增高 1 厘米）。

这种现象在日常生活中也经常碰到，例如新粉刷的墙壁并不洁白，甚至

云南石林

带点灰黄色，但是过了几天，石灰浆全部变成碳酸钙，就白如霜雪了。在新建的房子里，如果安置一盆炭火，这样就可以增加空气中的二氧化碳，从而加快它与石灰浆里的氢氧化钙作用，生成坚固的碳酸钙。家里用的烧水壶，壶底常结上一层垢，这是因为自来水中含有碳酸氢钙、碳酸氢镁等，锅垢的某些组分就是它们在加热时的分解产物。工业生产中，常用锅炉产生蒸汽，故锅炉用水需要预先除去钙、镁等离子（常用阳离子交换法），否则生成的锅垢不仅阻碍传热，多耗燃料，而且还会造成局部过热，损害锅炉，甚至使锅炉壁发生裂缝，引起爆炸。

揭秘火浣衣不燃之谜

一千多年前，据说后汉恒帝的一位大将军梁翼超有一件"宝衣"。有一天，他在宴会上故意用油渍弄污这件衣服，客人都替他惋惜，只见他若无其事地把衣服往火光熊熊的炭盆中一放，过了一会，拿起衣服来看，不但上面的油污没有了，而且衣服没有丝毫烧坏的痕迹。客人都惊叹不止。这件能够"火浣"的衣服，实际上就是用石棉做成的。

石棉不怕火，是由于它里面的主要成分是含钙、镁等的硅酸盐。它们本身既没有可燃性，也不能支持燃烧。石棉衣上的油污，早就在烈火中燃烧生成水

宝 衣

蒸气和二氧化碳气体散失了，不留下痕迹。

用石棉可以织成防火布。那么普通的布是否也能变成耐火的呢？做一做下面的实验，你将会得出一个明确的答案。

把适量磷酸铵溶解在热水中，制成较浓的溶液（浓度约30%），然后把一小块棉布放在溶液里浸透、晾干。

然后，把这块布和另一块没有处理过的布分别进行燃烧试验。可以看到，浸过磷酸铵的布无论如何也烧不起来；那块没有处理过的布，不久就慢慢地烧起来了。

棉布能够燃烧，是因为它的纤维是由碳、氢、氧等元素组成的。在加热时，借助于空气中的氧气发生作用，生成水和二氧化碳。所以棉布在燃烧后，除留下了少量杂质外，全部都燃烧成气体。

那么，为什么浸过磷酸铵溶液的布遇火不会烧起来呢？因为磷酸铵吸收热量后能分解出氨和磷酸，它们既不能燃烧，又阻碍布与空气接触，这样布就不被燃烧了。因此，磷酸铵的一个重要用途就是作为木材等的防火剂。

除了磷酸铵溶液可以把普通衣服变成不怕火烧的"宝衣"之外，萘也有这种"特异功能"。

【实验用品】坩埚、镊子、酒精灯、三脚架、泥三角、棉布、8粒卫生球。

【实验步骤】

1. 把8粒卫生球放入坩埚，再将坩埚放在三脚架上的泥三角上，用酒精灯加热，到卫生球全部熔化为止。等坩埚冷却后，取出卫生球晶体块备用。

萘

2. 用一小块棉布，把卫生球晶体块紧紧地包起来（包一层即可），用镊子夹住，然后在酒精灯火焰上点燃。布很快起火，并向外发散出黑烟。

3. 火焰熄灭，仔细检查包卫生球的棉布，棉布完整无缺，也没有被烧坏的痕迹，只是布上沾有一层黑色的粉末。

【实验分析】

1. 这个简单而有趣的实验是利用了萘的升华性质。布上的火是萘蒸气燃烧时发出的。卫生球的成分是萘 $C_{10}H_8$，它是由碳、氢两种元素组成的易燃物质，在空气中，当达到一定温度（萘蒸气着火点 527℃）就会燃烧起来。

2. 此实验的关键有两条：

（1）棉布一定要包紧卫生球晶体块。

（2）燃烧的时间不能过长。因为烧的时间过久，卫生球消耗过多，棉布和卫生球晶体块之间就会逐渐离开，形成较大空隙，棉布将处于火焰内部，这样棉布也会燃烧起来。

3. 布上的黑色粉末是萘燃烧时由于部分未充分燃烧而生成的碳。因为此实验是用棉布包着卫生球进行的，所以燃烧不完全。

4. 棉布为什么不会燃烧呢？一方面萘蒸气燃烧放出了热量；另一方面萘的升华过程要吸收热量，这又消耗了很大一部分热量。同时还有一部分热量消耗在萘蒸气升高温度达到着火点上。这样，棉布的温度就比较低，甚至低于棉布的着火点，所以棉布不会燃烧。

5. 此实验也可这样做：取一个卫生球，用一块手帕紧紧包住，在火上点燃。当小布包燃烧起火，并向外冒出黑烟时，立即熄灭火焰，检查手帕是否烧坏。这个实验比较简单，现象也很明显。

其实，这是一种物质溶解的热效应。下面有其他的两个实验，通过这两个实验，大家可以进一步了解什么是溶解及溶解过程的热效应。

实验一

【实验用品】100 毫升烧杯、量筒、小试管、玻璃棒、温度计、演示用检温计、刨光的小木板、酒精喷灯、硝酸铵、浓硫酸、石蜡、红墨水。

【实验步骤】

1. 硝酸铵溶解时的吸热现象

在小木板上滴 10～15 滴水，然后放上小烧杯。向烧杯中加入 30 克硝酸铵固体，提起烧杯，杯子不能把木板带起，再把烧杯放在木板上，同时插入温度计和盛放 1/3 试管水的小试管，然后加入 50 毫升水，并不断搅拌使其溶解。开始可看到烧杯外壁上出现一层水雾，温度计内汞柱迅速下降，小试管内的水结成冰，用手提起烧杯时，木板与烧杯冻结在一起，而烧杯内的溶液并未结冰。

2. 浓硫酸溶解时的放热现象

在小木板上滴几滴熔化的石蜡，迅速放上烧杯，使其黏结在木板上。然后向烧杯中加入50毫升水，插入演示用检温计，再慢慢沿烧杯壁倒入20毫升浓硫酸，边倒边搅拌。观察到检温计中红色液柱迅速上升，再提起烧杯时木板自然下落。

【实验分析】

1. 物质在水里溶解有两个过程，一种是固体（或液体溶质）分子或离子向溶剂内分散的过程，这种过程吸收热量；另一过程是溶质分子或离子与水分子作用，形成水合物的化学过程，这种过程放出热量。形成溶液时放热还是吸热，取决于这两个过程中放出和吸收热量的多少。如果吸收的热量大于放出的热量，则溶液温度降低，反之溶液温度升高。

硝酸铵溶解时吸收的热量大于放出的热量，所以溶液温度降低，使小试管内的水、烧杯与木板间的水都结成了冰。浓硫酸溶解时放出的热量大于吸收的热量，溶液温度升高，使烧杯下的石蜡熔化，木板脱落。

2. 实验成败的关键

（1）硝酸铵应取干燥细小的颗粒（不能研磨，要轻轻压碎），放入水中搅拌后能迅速溶解，这样溶液温度才能骤然降低。

（2）烧杯与木板间的石蜡只能加一薄层，以粘牢烧杯为准。如加石蜡过多，不易熔化，致使木板不能脱落。浓硫酸要慢慢倾倒，边加边搅拌，防止局部过热造成部分液体暴沸。

3. 硝酸铵可用硝酸钾、氯化铵、硫氰化铵等物质代替，它们溶于水时都有显著的吸热现象。

4. 浓硫酸也可用氢氧化钠、氢氧化钾、无水碳酸钠等物质代替。溶于水有显著放热现象的常见物质有：氢氧化钾、氢氧化钠、碳酸钠、硫酸铜、氯化钙、硫酸铁、硫酸镁、氯化镁、硫酸锌等。这些物质一定要干燥，有的在实验前应先烘干成无水合物。

5. 溶液的凝固点比纯溶剂的凝固点低，所以，当硝酸铵溶液温度降到0℃以下时，纯水结冰，而硝酸铵溶液仍不能凝固。

实验二

【实验用品】试管、玩具气球、烧杯、碳酸氢铵、浓硫酸、乙醚。

【实验步骤】

1. 取一个干燥小试管，加入两药匙碳酸氢铵。在试管口套上一个未充气的玩具气球，插入盛水的烧杯中，当加入浓硫酸后，由于溶液温度升高使碳酸氢铵受热分解，放出二氧化碳和氨气充入气球使之迅速膨胀。

2. 在烧杯中插入盛乙醚的小试管，当加入浓硫酸后，溶液温度升高，乙醚气化，在玻璃管尖口处可点燃乙醚蒸气（注意不要使空气中乙醚蒸气太多，以防止爆炸）。

▌▌ 墨水形成之谜

为什么蓝黑墨水刚写出来的字是蓝色的，而过了几天以后却变成蓝黑色了呢？做一做下面的两个实验，对于了解墨水的成分和性质将会有不少的帮助。

在小瓷碗内放半匙硫酸铁（三价的铁盐），再加入 3 毫升左右的水，使它溶解，然后加入 3 毫升鞣酸溶液（浓度为 10%）。这时，我们可以观察到，在碗里生成了不溶性的、黑色的沉淀物——鞣酸铁。

如果用硫酸亚铁（二价的铁盐）与鞣酸作用，现象可大不相同了。先取三只小铁钉，用砂纸擦去表面上的铁锈，然后把它们放进玻璃试管中，再加入 5 毫升稀硫酸溶液（把 1 体积浓硫酸慢慢倾入 4 体积的水中配成）。为了加速反应的进行，可适当加热。反应完毕后，上层清液就是硫酸亚铁溶液。取 3 毫升刚制得的硫酸亚铁溶液放在小瓷碗里，并迅速加入鞣酸溶液 3 毫升。由于生成的鞣酸亚铁是无色的和可溶性的，因此整个反应过程没有明显的现象发生，仍旧像原来的状态。如果把这个溶液放置 2~3 天，鞣酸亚铁因为被空气中的氧所氧化，变成为黑色的鞣酸铁了。于是这个溶液里就会析出黑色的沉淀来。

从这两个实验可以知道：鞣酸铁是不溶性的物质，在水中就已经成为沉淀状态。这些沉淀物十分容易使钢笔的流水管子塞住，所以不能用鞣酸铁来配制墨水。而鞣酸亚铁却不同，它是清液，容易书写，并且用它写下的字迹，因为其中的鞣酸亚铁会与空气中的氧气慢慢作用变成为黑色，这种变黑的字迹很不容易退掉，所以它才是制造墨水的理想原料。虽然在普通的蓝黑墨水里，主要是鞣酸亚铁溶液，但它却是无色的，为了能清楚地进行书写，还必须加入蓝色染料——可溶性靛蓝，使墨水成为蓝色。用这种墨水所写出的字迹，开始时是蓝色的，可是时间一长，里面所含的鞣酸亚铁氧化成为鞣酸铁以后，就会变为经久不退的蓝黑色了。

懂得了墨水变黑的道理以后，我们就应该知道，使用蓝黑墨水时，不能长期使墨水暴露在空气中，否则墨水就会变质，产生沉淀而不能使用。

根据墨水变黑的原理，我们就可以做一个茶变墨水的实验。

茶叶里不仅含有茶素、茶精油等物质，而且还含有不少鞣酸。

用50毫升水溶解7克左右的绿矾（带有结晶水的硫酸亚铁），配成溶液。再用棉花或干净的纸团蘸取溶液涂在茶杯内壁上，这时杯壁并不呈现什么颜色。过一

墨 水

会，把浓茶（取茶叶2匙加在100毫升沸水中煮沸即成）倾入杯中的时候，茶汁立刻变成了黑色的墨水。

原来，绿矾的溶液（杯壁上）暴露在空气中，二价的亚铁会被空气中的氧气氧化成三价的铁。三价的铁一旦遇到茶里的鞣酸，就马上发生反应，生成鞣酸铁。于是，茶就变成墨水了。当然，这种生成了黑色沉淀的墨水是不能使用的。

温度计上的刻度如何刻成

在温度计、量筒等玻璃仪器上，往往刻有道道清晰的刻度。你知道这是怎样刻出来的吗？不妨先来动手做一做下面的实验。

找半手掌大小的白铁片（即镀锌铁皮）一块，将它的表面擦干净，然后用毛笔涂上一层熔化的石蜡。蜡层要尽量涂得薄而均匀。等到铁片上的石蜡凝固后，就可以用针笔或大号的针在上面画画。刻下的线条要深，要让铁片露出。但必须注意，不能使大片的石蜡破碎。刻好以后，小心地把蜡屑除去，再把铁片放在稀盐酸（1体积浓盐酸加5体积水）中，约浸5分钟后取出，用水冲洗干净。最后把铁片上的石蜡刮去或者加热让它熔化流走，铁片上就留

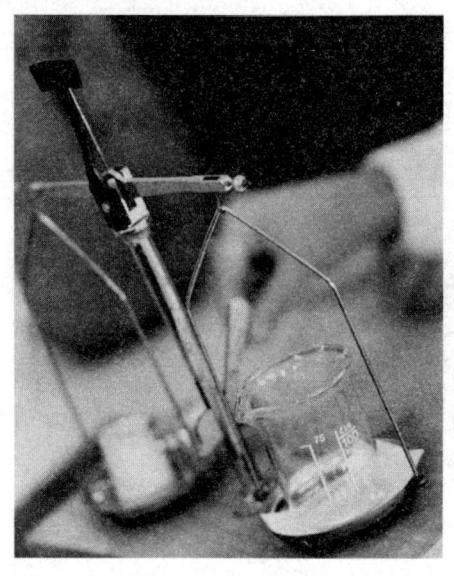

烧杯的刻度

有凹下去的画迹了。这种雕刻比用刀子一刀一刀地刻省力和省时得多。

这种雕刻的道理很简单，只不过是利用一种腐蚀作用罢了。稀盐酸和石蜡不会发生什么作用，因此铁片上被石蜡遮盖的部分就受到保护。只是在石蜡被针划破的地方，因为露出的锌、铁与稀盐酸在接触时，发生了化学反应，这样，没有蜡遮盖的部分，就产生明显的凹陷。玻璃仪器上的刻度，就是利用某种化学药品的腐蚀性加工出来的。它的制作过程大致和上面的实验相同，也是先在玻璃制品的表面涂上一层石蜡，再用针或刀在上面刻道道，最后用酸液进行腐蚀。只是因为盐酸对玻璃不起作用，所以改用专门"啃"玻璃的氢氟酸来腐蚀。

目前广泛应用于仪表、半导体收音机上的印刷电路板，也是以化学腐蚀法来生产的。先拿一块已经贴好铜箔的胶木板，在铜箔的一面按电路的图形印上一层保护层。然后把板放入三氯化铁溶液中，这时未被保护的那部分铜就与三氯化铁作用而被腐蚀掉。

涂有保护层的部分，因没有与三氯化铁接触，所以不发生什么变化。最后只要把保护层用碱液洗去，就可以得到一块块线条清晰的印刷电路板。

此外，化学腐蚀的方法，还广泛地应用在腐蚀各种金属。例如：印刷厂里用来印制图画、照片或图表等的铜版、锌版，就是根据化学腐蚀这个原理制成的。

有利就有弊，腐蚀还有其可怕的一面。

就腐蚀的类型可分为湿腐蚀和干腐蚀两类。湿腐蚀指金属在有水存在下的腐蚀，干腐蚀则指在无液态水存在下的干气体中的腐蚀。由于大气中普遍含有水，化工生产中也经常处理各种水溶液，因此湿腐蚀是最常见的，但高温操作时干腐蚀造成的危害也不容忽视。

湿腐蚀是金属在水溶液中的腐蚀，是一种电化学反应。在金属表面形成一

电路板

个阳极和阴极区隔离的腐蚀电池，金属在溶液中失去电子，变成带正电的离子，这是一个氧化过程即阳极过程。与此同时，在接触水溶液的金属表面，电子有大量机会被溶液中的某种物质中和，中和电子的过程是还原过程，即阴极过程。常见的阴极过程有氧被还原、氢气释放、氧化剂被还原和贵金属沉积等。

随着腐蚀过程的进行，在多数情况下，阴极或阳极过程会受到阻滞而变慢，这个现象称为极化，金属的腐蚀随极化而减缓。

干腐蚀一般指在高温气体中发生的腐蚀，常见的是高温氧化。在高温气体中，金属表面产生一层氧化膜，膜的性质和生长规律决定金属的耐腐蚀性。膜的生长规律可分为直线规律、抛物线规律和对数规律。直线规律的氧化最危险，因为金属失重随时间以恒速上升。抛物线和对数的规律是氧化速度随膜厚增长而下降，较安全。如铝在常温氧化遵循对数规律，几天后膜的生长就停止，因此它有良好的耐大气氧化性。

腐蚀的形态可分为均匀腐蚀和局部腐蚀两种。在化工生产中，后者的危害更严重。

均匀腐蚀是指腐蚀发生在金属表面的全部或大部，也称全面腐蚀。多数情况下，金属表面会生成保护性的腐蚀产物膜，使腐蚀变慢。有些金属，如钢铁在盐酸中，不产生膜而迅速溶解。通常用平均腐蚀率（即材料厚度每年损失若干毫米）作为衡量均匀腐蚀的程度，也作为选材的原则。一般年腐蚀率小于 1 ～ 1.5 毫米，可认为合用（有合理的使用寿命）。

局部腐蚀是指腐蚀只发生在金属表面的局部，其危害性比均匀腐蚀严重得多，它约占化工机械腐蚀破坏总数的 70%，而且可能是突发性和灾难性的，会引起爆炸、火灾等事故。

揭秘化学镀

想在金属表面镀上一层其他金属，大家都很熟悉，可以用电镀法。但还有一种不同于电镀的工艺，叫化学镀。

化学镀的产品

化学镀是一种新型的金属表面处理技术，该技术以其工艺简便、节能、环保而日益受到人们的关注。化学镀使用范围很广，镀层均匀、装饰性好。在防护性能方面，能提高产品的耐蚀性和使用寿命；在功能性方面，能提高加工件的耐磨导电性、润滑性能等特殊功能，因而成为全世界表面处理技术的一个发展。化学镀技术是在金属的催化作用下，通过可控制的氧化还原反应产生金属的沉积过程。与电镀相比，化学镀技术具有镀层均匀、针孔小、不需直流电源设备、能在非导体上沉积和具有某些特殊性能等特点。另外，由于化学镀技术废液排放少，对环境污染小以及成本较低，在许多领域已逐步取代电镀，成为一种环保型的表面处理工艺。目前，化学镀技术已在电子、阀门制造、机械、石油化工、汽车、航空航天等工业中得到广泛的应用。化学镀不仅能将金属镀到金属制品上去，而且也能把金属镀到非金属（如玻璃和塑料等）上去。

此外，化学镀在工作的时候不用耗电，完全是靠化学作用进行的。化学镀的主要类型有三种：还原法、接触法和浸镀。我们这里介绍其中的一种——还原法。

你总用过热水瓶吧？你知道热水瓶胆上的光亮薄层是什么物质？它是怎样镀上去的？我们通过制银镜的实验就可知道了。

先配制氧化银的氨溶液：在 5 毫升 10% 的硝酸银溶液中，慢慢滴加 5% 的氨水，一直滴至那些起始生成的沉淀恰好完全溶解为止。然后加入 1 毫升 5% 的氢氧化钠（必须注意，这个混合液只能在临用时配制，不可长久贮存，因久存可能生成爆炸物；用后的剩余液体，也应用酸处理后倒入废液缸中）。

取试管一支，先用热的氢氧化钠溶液，后用蒸馏水彻底洗净。然后在试管中加入 2 毫升氧化银的氨溶液和 2 毫升 20% 的葡萄糖溶液。混合均匀后，把试管浸在 60℃~80℃ 的水中加热，并观察管壁上的变化。如果试管洗得干净，加热几分钟后就可以观察到管壁上产生了光亮的银镜。如果管壁洗得不干净，就不会形成银镜，只有黑色沉淀析出。

因为葡萄糖具有还原性，所以能使氧化银还原为银。还原出的银粒非常细小，它紧密地沉积在管壁上而形成银镜。热水瓶胆的光亮薄层，就是利用同样的原理与类似的方法制成的。这就是一种化学镀银的方法。

通过这个实验，我们可以大致上对化学镀有了认识。也许有人会问：为什么这里的银不能用电镀而要用化学镀的办法呢？这是因为非金属不能直接电镀。热水瓶胆是用非金属的玻璃做的，它是电的不良导体，因此不能用电镀的办法把银镀上去，而只能用化学镀法。

有时，为了达到某种特殊的要求，需要在非金属（如塑料等）上电镀某种金属或合金，那么可以先用化学镀法在镀件上沉积上另一种金属，然后再进行电镀。

尽管电镀比化学镀有很多有利的条件，如它的工艺过程比较成熟，所以它还是目前广泛使用的镀金属的重要方法，但它也有缺点，如镀层没有化学镀均匀，特别在棱角和边上往往会镀得比一般部位厚，形状复杂的零件，更无法镀好。化学镀的镀层也不能镀得很厚。化学镀的镀层与基体金属结合得极紧密，耐腐蚀性好，因此可以用这种方法来解决碱液蒸发器和石油精炼等化工设备的耐腐蚀问题。

除了化学镀镍外，常用的还有化学镀铜、镀锡以及镀银等。

无害漂白

漂白就是用药品把有色物质的颜色除掉的过程。具有漂白作用的药剂很多，但是实际上能用来漂白花、草、纤维的却比较少。因为除了要求这些药

草　帽

剂价格低廉和使用方便以外，还要求它们在改变色素成为无色（或浅色）的漂白过程中，没有伤害花草等其他成分的作用。

漂白草帽、羊毛、蚕丝等使用得比较普遍的药品，主要是二氧化硫。因为二氧化硫在漂白的时候，不像漂白粉、氯气等漂白剂那样会损害材料的组织。

为什么二氧化硫既有漂白作用，又有不损坏材料的良好性能呢？让我们先来做一个实验。

在一只广口瓶（如盛奶粉用的玻璃瓶）中放 5 克亚硫酸氢钠，并用少量水润湿它，再向瓶中加入 20 毫升稀硫酸（浓度为 10%）。这时，加入的硫酸即与亚硫酸氢钠发生反应，生成二氧化硫。

接着，迅速地把一朵预先用水润湿的红花悬挂在瓶内，轻轻放上盖子，但不要盖得太紧。大约经过一小时光景，红花便完全变成白花了。

如果没有亚硫酸氢钠，可以用亚硫酸钠代替，不过要注意适量地多加一些硫酸，使生成二氧化硫的反应进行完全。二氧化硫是一种有刺激气味的气体，稍有毒性，所以实验最好在室外或通风处进行。

二氧化硫很容易溶于水中成为亚硫酸。亚硫酸具有一种特性，它能和许多种色素化合起来，成为无色或浅色的新物质。但是，它不与花、草、蚕丝中的纤维素以及其他成分发生化学变化。所以，二氧化硫一方面具有漂白作用，同时又不会损害花朵等的组织。

但是，二氧化硫与各种色素反应后生成的新物质都是不大稳定的，它们经过长时间的日光曝晒，便又会使颜色复原。白草帽的原料多半是带有黄色的金丝草、麦秆之类，它们都是用二氧化硫来漂白的，所以新的草帽十分洁白，但使用日久以后，却又慢慢变黄了。

让我们正式地认识一下二氧化硫。

二氧化硫（SO_2）是最常见的硫氧化物，无色气体，有强烈刺激性气味，大气主要污染物之一。火山爆发时会喷出该气体，在许多工业过程中也会产生二氧化硫。由于煤和石油通常都含有硫化合物，因此燃烧时会生成二氧化硫。当二氧化硫溶于水中，会形成亚硫酸（酸雨的主要成分）。若把 SO_2 进一步氧化，通常在催化剂如二氧化氮的存在下，便会生成硫酸。这就是对使用这些燃料作为能源的环境效果担心的原因之一。

二氧化硫在酿酒中的作用

二氧化硫是酿酒时非常有用的化合物，它甚至在所谓的"无硫的"酒中也存在，浓度可达每升10毫克。它作为抗生素和抗氧化剂，可以防止酒遭到细菌的损坏和氧化。它也帮助把挥发性酸度保持在想要的程度。酒的标签上之所以有"含有亚硫酸盐"等字句，就是因为二氧化硫。根据美国和欧盟的法律，如果酒的 SO_2 浓度低于10ppm（百万分比浓度），则不需要标示"含有亚硫酸盐"。酒中允许的 SO_2 浓度的上限在美国为350ppm，而在欧盟，红酒为160 ppm，白酒为210 ppm。如果 SO_2 的浓度很低，那么便很难探测到，但当浓度大于50ppm 时，用鼻子就能闻出 SO_2 的气味，用舌头也能品尝出来。

让你乐在其中的系列实验

RANGNI LEZAIQIZHONG DE XILIE SHIYAN

可以这样说，在科学领域取得的每一项科学成就，都与实验结下不解之缘。正是一次次了不起的科学实验催生了一项项伟大的科学技术或科学发明，验证了一个个科学理论或假说。对于化学这样一门通过实验研究物质的组成、结构、性质以及变化规律的自然科学，实验的重要性更是不言而喻。

一般而言，做实验是枯燥的，但是化学的千变万化又令许多科学家和实验者乐在其中，兴味盎然。

本章介绍的一系列实验，都是一些有趣的小实验，但是通过这些直观形象的小实验，可以让我们对燃烧、氧气、氧化、二氧化碳、一氧化碳等有更深入地认识和了解。

燃烧实验

实验一：蜡烛复燃

【实验用品】生日蜡烛、安全火柴。

【实验步骤】

取一支生日蜡烛，将其点燃，片刻后把它吹灭，随即迅速把一根火柴的药头与烛捻相接触。这时，吹灭了的蜡烛又会立即燃烧起明亮的火焰来。

【实验分析】

烛焰刚被吹熄时，其灯芯上尚有较高的温度。火柴药头上的药物主要有氧化剂（$KClO_3$）、易燃剂硫黄。灯芯的温度足以使火柴的药头着火，从而使蜡烛复燃起来。

实验二：酒精灯复燃

【实验用品】酒精灯、木条、镊子、白磷、二硫化碳。

【实验步骤】

1. 用白磷的二硫化碳溶液浸渍火柴杆大小的木条，取出、放置凉干（不会自燃的）。

2. 点燃酒精灯，片刻后将其熄灭，随即将浸渍过白磷二硫化碳溶液的木条跟酒精灯的瓷心接触，酒精灯又会重新燃起来。

【实验分析】

燃烧着的酒精灯的瓷心被灯焰的外焰加热。当用白磷二硫化碳浸渍过的木条跟瓷心接触时，具有很低燃点（大约40℃）的白磷，立即着火燃烧，从而使酒精灯着火复燃起来。

实验三：烟灰作催化剂

【实验用品】小铁盒盖、烟灰少许、火柴、白糖。

【实验步骤】

在铁盒盖上放一勺白糖，先用火柴去点不能燃烧。再在白糖中加入香烟灰拌匀，再用火柴去点，这时即可看到白糖燃烧产生火焰。

【实验分析】

1. 因香烟灰中含有微量元素可以起催化剂的作用。

2. 实验中不需用太多白糖，用一小勺白糖加入少许烟灰，且拌均匀。

3. 点的过程中要有耐心，不能急于求成。

以下是关于无色液体显示变色的实验。

实验一：喷雾显字

【实验用品】白纸、毛笔、小型喷雾器或浇花用的小喷水器、$FeCl_3$溶液（2%）、硫氰酸钾稀溶液、亚铁氰化钾稀溶液。

【实验步骤】

用两只新毛笔分别蘸上硫氰酸钾溶液和亚铁氰化钾溶液，在白纸上间隔写字。写完后晾干或吹干。用喷雾器洒三氯化铁溶液，即刻显示红、蓝颜色的字迹。

【实验分析】

亚铁氰化钾溶液和硫氰酸钾溶液是无色溶液，当它们分别遇到 Fe^{3+} 时则发生如下反应：

$Fe^{3+} + CNS^- \Longrightarrow [Fe(CNS)^{2+}]$ 显血红色；

$4Fe^{3+} + 3[Fe(CN)_6]^{4-} = Fe_4[Fe(CN)_6]_3 \downarrow$ 得蓝色沉淀。

从而显示出字迹。

实验二：香烛火写字

【实验用品】硝酸钾浓溶液、磷酸钠溶液、硫酸铝钾溶液、未用过的毛笔、白纸、香。

【实验步骤】

1. 在白纸上用蘸有硝酸钾浓溶液的毛笔写字，字要写得大些，字迹要连在一起，笔画要粗一些，晾干。

2. 用另外一支新毛笔蘸上磷酸钠溶液在字迹笔画四周边缘描写一遍（字迹中间不要描），晾干后再用毛笔蘸硫酸铝钾溶液依上述方法描写一遍，晾干。

3. 用香火按笔顺点燃字迹，不产生火焰的火就会沿笔顺烧空写字处的白纸，而字的边缘处白纸不会烧着。

【实验分析】

1. 实验原理：硝酸钾在加热时分解后放出氧气，产生的氧气与易燃物如纸、布等接触时很易燃烧。而磷酸钠与硫酸铝钾可以阻止纸、布等易燃物燃烧。

2. 注意事项：硝酸钾溶液浓度要高，最好是饱和溶液。每次用笔书写时，一定要等上次写的字迹晾干，所写的字不能太复杂。写的几个字的笔顺每一笔之间都必须连接起来。

实验三：写密信

【实验用品】白纸一张（厚）、干净毛笔、蜡烛、火柴、食用醋。

【实验步骤】

用干净毛笔蘸醋（最好是白醋）在一张白厚纸上写几个字，晾干（这时字迹消失，不易觉察），然后把写过字的地方对着蜡烛的火焰烘烤。烘烤时要不断地移动白纸，过一会儿就能显示出棕黄色的字来。

【实验分析】

1. 实验原理：醋和纸发生了化学反应，生成的化合物燃点低，当在火焰上烘烤时就会发生不冒烟、不发光的缓慢氧化。

2. 注意事项：（1）用白醋效果最好。（2）白纸一定要用厚一些的。

实验四：消字灵

【实验用品】烧杯、棕色药瓶、搅拌器、草酸、漂白粉、蒸馏水。

【实验方法】

将 48 毫升蒸馏水分别与 2 克草酸和 2 克漂白粉混合后制成 A、B 两种溶液，把这两种溶液分别装在棕色试剂瓶中密闭，置于黑暗处。

【实验分析】

使用时，先将 A 种溶液（草酸溶液）涂抹在用蓝墨水写的字迹上，然后再涂抹 B 种溶液（漂白粉溶液），过一会儿字迹就可以消失。

以下是关于空气中气压的实验。

实验一：蛋入小瓶

【实验用品】250 毫升集气瓶、剥去外壳的完整无损的熟鸡蛋、火柴、易燃的纸。

【实验步骤】

1. 首先演示熟鸡蛋比集气瓶的瓶口稍大，不能直接进入瓶内。

2. 点燃纸，放进瓶内，再迅速把鸡蛋放在瓶口，稍按紧。

观察燃烧停止后，鸡蛋是否掉进集气瓶内。

【实验分析】

1. 本实验的原理是：纸燃烧时，瓶内温度升高，气体膨胀，一部分逸出。冷却后瓶内气体压强小于瓶外大气压强，熟鸡蛋被"吸"进瓶内。

2. 熟鸡蛋的大小应适当，比集气瓶口稍大，但又不能太大，否则不能被"吸"入。

3. 一定要在火焰未熄灭时，把蛋放在集气瓶口。蛋放在瓶口时，可轻轻按紧，因为装置是否气密是实验成败的关键。

实验二：燃纸吸瓶

【实验用品】250 毫升集气瓶、橡皮垫圈、火柴、纸、水。

【实验步骤】

1. 把橡皮垫圈用水浸湿，放在集气瓶的瓶口上。

2. 把纸点燃，扔进集气瓶内，立即把另一个集气瓶倒放在橡皮垫圈上。用手紧紧按住集气瓶。

3. 燃烧停止后，稍候，用手提上面的集气瓶，观察下面的集气瓶是否被"吸"住。

【实验分析】

1. 实验的原理是：燃烧时空气和二氧化碳从瓶中逸出，部分二氧化碳溶于生成物 H_2O 中，使得集气瓶内的压强低于大气压强，两个集气瓶相互吸住。

2. 橡皮垫圈大小应与集气瓶口相适应，弹性要好。装置的气密性好坏是实验成败的关键。

3. 用其他易燃物质代替纸，但最好是燃烧时不生成或只生成少量其他气体（或设法使生成的气体被吸收）。

4. 如果能把坚固的刚性密闭容器里的空气抽尽，例如把两个马德堡半球闭合后设法抽尽里面气体，使球内成为真空，则 16 匹马也难以将两个半球拉开，这是非常著名的有趣的马德堡半球实验。

两个马德堡半球示意图

马德堡半球实验是怎么回事呢？故事是这样的。

在 17 世纪那个时候，德国有一个热爱科学的市长，名叫格里克。他是个博学多才的军人，从小就喜欢听伽利略的故事；爱好读书，爱好科学；一直读到莱比锡大学。1621 年又到耶拿大学攻读法律；1623 年，再到莱顿大学钻研数学和力学。他读了三所大学，知识面很广，上知天文，下识地理；什么数理、法律、哲学、工程等，无所不知，无所不通。因此，他能在军旅中过活；又可在政界中立足；更能在科学界发言。他是 1631 年入伍，在军队中担任军械工程师，工作很出色。后来，投身政界，1646 年当选为马德堡市市长。无论在军旅中，还是在市府内，他都没停止科学探索。

1654 年，他听说还有许多人不相信大气压，便下决心要做一个大的实验，来告诉人们，大气压是存在的，而且大气压很大。

有一天，他和助手做成两个半球，直径 14 英寸，即 30 多厘米，并请来一大队人马，在市郊做起"大型实验"。

这年 5 月 8 日的这一天，美丽的马德堡市风和日丽，晴空万里，十分爽朗。一大批人围在实验场上，熙熙攘攘十分热闹。

格里克和助手当众把这个黄铜的半球壳中间垫上橡皮圈；再把两个半球壳灌满水后合在一起；然后把水全部抽出，使球内形成真空；最后，把气嘴上的龙头拧紧封闭。这时，周围的大气把两个半球紧紧地压在一起。

格里克一挥手，四个马夫牵来八匹高头大马，在球的两边各拴四匹。格里克一声令下，四个马夫扬鞭催马背道而拉，好像在"拔河"似的。

"加油！加油！"实验场上黑压压的人群一边整齐地喊着，一边打着拍子。

四个马夫，八匹大马，都搞得浑身是汗。但是，铜球仍是原封不动。格里克只好摇摇手暂停一下。

然后，左右两队，人马倍增。马夫们喝了些开水，擦擦额头上的汗水，又在准备着第二次表现。

格里克再一挥手，实验场上更是热闹非常。十六匹大马，死劲拉着，八个马夫在大声吆喊，挥鞭催马……

实验场上的人群，更是伸长脖子，一个劲儿地看着，不时地发出"哗！哗！"的响声。

突然，"啪！"的一声巨响，铜球分开成原来的两半，格里克举起这两个重重的半球自豪地向大家高声宣告：

"先生们！女士们！市民们！你们该相信了吧！大气压是有的，大气压力是大得这样厉害！这么惊人！"

实验结束后，仍有些人不理解这两个半球为什么拉不开，七嘴八舌地问他，他又耐心地作着详尽的解释："平时，我们将两个半球紧密合拢，无须用力，就会分开，这是因为球内球外都有大气压力的作用，相互抵消平衡了，好像没有大气作用似的。今天，我把它抽成真空后，球内没有向外的大气压力了，只有球外大气紧紧地压住这两个半球……"

通过这次"大型实验"，人们都终于相信有真空；有大气；大气有压力；

马德堡半球实验时观众场景

大气压很惊人，但是，为了这次实验，格里克市长竟花费了 4000 英镑。

这位敬爱的市长先生，用他的执着和对科学的敬畏，让人们相信了大气压的存在。虽然，他为此付出了 4000 英镑。但是，这 4000 英镑因为买回了人们对科学的信任，赶走了人们的愚昧，而变得非常有意义。

这个实验是在马德堡市进行的，因此将这两个半球叫"马德堡半球"，而将这个试验叫"马德堡半球实验"。

燃烧的三个条件

燃烧的条件有三个：有可燃物、可燃物达到着火点、与氧气接触（空气）。

可燃物跟空气中的氧气发生的一种发光发热的剧烈的氧化反应叫做燃烧。通常讲的燃烧一般是要有氧气参加的，但在一些特殊情况下的燃烧可以在无氧的条件下进行，如氢气在氯气中燃烧、镁条在二氧化碳中的燃烧等。

上面前两个实验中，蜡烛和酒精灯之所以能复燃是因为具备了燃烧的三个条件。可燃物：实验一的可燃物是磷，实验二的可燃物是白磷和二硫化碳。

着火点：两个实验中可燃物的着火点都很低，大约40℃。与氧气接触：两个实验都是在有氧的状态下进行的。

而第三个实验中，白糖之所以能燃烧，则是因为催化剂的原因。

氧气实验

实验一：人造氧气

【实验分析】500毫升烧杯、胶头滴管、螺旋状铁丝、棉花、蜡烛、药匙、过氧化钠、无水碳酸钠粉末、草酸。

【实验步骤】

1. 装置安装就绪。

2. 用胶头滴管在碳酸钠和草酸的固体混合物上滴加几滴水，使草酸与碳酸钠发生反应，产生大量无色的二氧化碳气体。

3. 生成的二氧化碳使点燃的蜡烛火焰熄灭。

4. 过一会儿，二氧化碳又与过氧化钠反应，使棉花燃烧起来。

【实验分析】

1. 本实验中的二氧化碳是利用草酸和碳酸钠反应而制得，因为草酸的酸性大于碳酸，所以，草酸能跟碳酸钠起反应生成碳酸，碳酸又分解成二氧化碳和水。

2. 用棉花包裹过氧化钠时，底部的棉花要薄一些，上面则要包紧。

3. 螺旋状铁丝要高于点燃的蜡烛，因为实验现象是蜡烛先熄灭，棉花后燃烧。

4. 碳酸钠与草酸的用量各3药匙，混合均匀后，再放入烧杯中，并且要靠近蜡烛，这样可以使现象更为明显。

5. 碳酸钠与草酸反应是放热的，而二氧化碳与过氧化钠反应又放出氧气，所以使棉花燃烧起来。

6. 这个反应被用于潜艇水下航行时制造氧气之用，同时又可以将二氧化碳转化，防止从水下排出让敌人发现。

实验二：氧在氢气中燃烧

【实验用品】粗玻璃管（内径约20毫米）、玻璃导管、启普发生器、大试管、铁架台（带铁夹）、酒精灯、锌粒、稀硫酸、高锰酸钾。

【实验步骤】

1. 把仪器安装好。

2. 打开启普发生器的活塞，向 A 管中通入氢气。稍通片刻，待 A 管中氢气很纯时，移火焰到 A 管管口，将氢气点燃。

3. 加热高锰酸钾制取氧气，氧气沿着 B 导管流出，然后将 B 管移到 A 管的下端，使 B 管管口与 A 管管口相平。在 B 管管口出现一个黄色的小火焰，将 B 管逐渐伸进 A 管内，火焰就更为明亮。

【实验分析】

1. 从实验现象看是氧气在氢气中燃烧，但反应的本质仍然是氢气被氧化，也就是氢气燃烧。

2. 要待 A 管中氢气很纯时，才可移火焰到 A 管管口，否则不安全。

实验三：氧气与氢气的混合体爆炸

方法一

【实验用品】启普发生器、水槽、无底玻璃瓶、大试管、铁架台（带铁夹）、酒精灯、橡皮塞、铁丝、棉花、锌粒、稀硫酸、氯酸钾、二氧化锰、酒精。

【实验步骤】

1. 把仪器安装好。

2. 具体操作。

加热试管，当产生大量氧气时，打开启普发生器的活塞（因硫酸与锌粒反应快），这时水槽水面上即有许多气泡产生，用一端缠有棉花球的铁丝，蘸着酒精并点燃，然后用它点燃水面上的气体，就会发生连珠炮式的爆炸。

【实验分析】

1. 此实验可以使同学清楚地看到，水泡内是氢气和氧气的混合气体。发生连珠炮式的爆炸，可引起学生的兴趣。

2. 所用氯酸钾量应多一些，这样产生的氧气量比较充足，使实验成功率高。

氢气和氧气混合器的出气口与水面距离不得少于 4 厘米，否则不安全。

3. 此实验也可以把氢气和氧气的混合气预先制好放入储气袋中，然后进行实验。

方法二

【实验用品】有机玻璃管或透明塑料管、橡皮塞、软木塞、铜丝、高压感应圈、铁架台、启普发生器、大试管、酒精灯、锌粒、稀硫酸、氯酸钾、二氧化锰。

【实验步骤】

1. 爆炸管的准备

把两根铜丝各磨成针形，穿过橡皮塞（间隔约10毫米）然后使针形尖端相对（间隔约2.5毫米），形成两个放电电极。把橡皮塞塞入无色有机玻璃管（内径20毫米、长200毫米）的一端，用胶粘剂粘牢。

2. 氢气和氧气收集

把有机玻璃管放在水槽中用排水取气法收集1/3体积的氧气，然后再收集2/3体积的氢气。用软木塞塞住有机玻璃管的另一端。用铁夹把试管固定在铁架台上。

3. 混合气体引爆

用导线把低压电源（6～12伏）与高压感应圈和管内两个电极连接好，注意高压感应圈的火花距离应稍大一些。打开开关，可看到有机玻璃管内出现一团火，并将上端的软木塞像炮弹一样射出去。

【实验分析】

1. 此实验现象十分有趣。

2. 如果用一般玻璃管代替有机玻璃管时，应在管外包一层塑料薄膜或其他纤维织物以确保安全。

方法三

【实验用品】具支试管、唧气球、酒精灯、具支U形管、启普发生器、橡皮导管、水槽、分液漏斗、玻璃管、铁架台、单孔塞蒸发皿、锌粒、稀硫酸（1:4）、肥皂液。

【实验步骤】

1. 当锌与稀硫酸反应生成的氢气不断涌进玻璃管内鼓起气泡逸出时，可在玻璃管口点燃氢气，如果随即捏放唧气球鼓进空气时，立即发出尖锐的爆鸣声。

2. 当锌与稀硫酸反应生成的氢气导入水槽内的玻璃管下口鼓起气泡时，点燃氢气（有时也在管内安全爆炸），捏放唧气球鼓进空气时，尖嘴管口的火焰引燃玻璃管内的氢、氧混合气体，发出断续的爆鸣声，有时还把轻松搁放在管口的木塞高高弹起（必要时可用一段细铜丝把木塞塞在管口上）。

3. 当启普发生器的氢气在具支 U 形管的大弯处逐渐鼓起气泡时，可点燃氢气。这时捏放唧气球鼓进适量空气所形成的混合气体，在具支 U 形管的管内猛烈爆鸣，有时还把用橡皮筋系起的硬纸片反复弹起。

4. 找一个开有大口的易拉罐，底部钻一个小眼，用胶布堵住小眼，通一会儿氢气，使罐内充满氢气。把罐体移开氢气源，启开堵眼的胶布，用燃着的木条在小眼处点火，如果罐内充入的氢气较多，则先是氢气燃烧，随即是罐的开口处进入空气，迅速形成氢气空气的混合气体发生安全爆炸。如果罐体内的氢气较少又恰好在氢气的爆炸极限（4% ~74.2%）以内，点火时会立即爆炸。

5. 找一根有 15 厘米左右试管粗细的普通玻璃管（或去底的试管），用排水法集满一管氢气，管的下口用单孔塞堵住，上口用实心塞堵住，竖直地夹持在铁架台上，当取下上口的实心塞，用燃着的木条在管口点火时，起初氢在管口燃烧，继而是因管的下口单孔塞吸入空气，从而形成氢氧的爆鸣气在管内爆鸣。

【实验分析】

1. 只要氢气或氢氧混合气体离导气管口到水面有 2~3 厘米的高度，氢氧的爆鸣是绝对安全的。

2. 氢气流不必太大，鼓进空气的量以及恰当的爆鸣效果，都须在演示前取得经验性认识。

实验四：气压对氧气溶解的影响

【实验用品】具支烧瓶（250 毫升）、注射器、橡皮塞、橡皮管。

【实验步骤】

具支烧瓶里装入约 2/3 体积的水和一条小鱼。当注射器的活塞往外拉，且反复多次后，因空气在水中溶解迅速降低，鱼在水中因缺氧呼吸困难，挣扎般地游动着，几分钟后鱼即死掉。如果在此期间又将它放入另外的水中，"死"的鱼又会死而苏醒，畅游了起来。

草　酸

　　草酸又名乙二酸，是最简单的二元酸。晶体受热至100℃时失去结晶水，成为无水草酸。无水草酸的熔点为189.5℃，能溶于水或乙醇。实验室可以利用草酸受热分解来制取一氧化碳气体。草酸广泛存在于自然界中，特别是植物中，并常以钾盐的形式存在。在人或肉食动物的尿中，草酸以钙盐或草尿酸的形式存在。此外，肾和膀胱结石中也含有草酸钙。

　　草酸分子中两个羧基直接相连，具有一些特殊性质，例如，草酸具有还原性，可使高锰酸钾还原成二价锰，这一反应在定量分析中被用作测定高锰酸钾浓度的方法；草酸还可用作纤维、油脂和制革工业的漂白剂，也是利用它的还原性。草酸可作铁锈、墨水迹的清洗剂和金属抛光剂。草酸锑可作媒染剂，草酸铁铵是印制蓝图的药剂。

氧化实验

实验一：铁在空气里生锈

【实验用品】小试管、带有细玻璃导管的橡皮塞、250毫升广口瓶、新制铁屑少许、水。

【实验步骤】

　　1. 把少量用水（水中可加一些醋酸）浸湿的铁屑放在一个小试管内，用带有细玻璃导管的橡皮塞塞紧。把露在试管外面的细玻璃管插入盛水的广口瓶中。

　　2. 每天观察铁屑表面生锈的情况及水面逐渐上升的高度。

【实验分析】

　　1. 实验原理：在充满空气的密闭容器中，铁生锈时要消耗氧气，使密闭容器内气体压强低于容器外的大气压强，水即被吸入容器。根据流进容器内的水的体积，可测定空气中氧气的含量。

　　2. 本实验所需时间较长，铁屑生锈在2～3天后可能出现。氧气绝大部分被消耗则需更长时间。

3. 单孔橡皮塞上的玻璃导管的内径越细越好，露出广口瓶波面之外的部分越短越好。

4. 橡皮塞一定要塞紧，装置的气密性好坏是实验成败的关键。

5. 铁屑应先分别用碱、酸液除去表面的油和锈。

6. 水中加些醋酸，使水中 H^+ 增多，铁屑表面形成一层电解质溶液的薄膜，会促进铁屑被腐蚀。

7. 如果先用稀硫酸或稀盐酸洗净铁屑表面的铁锈后，再用浓食盐水泡浸处理，由于氯离子的作用，将会加速铁的缓慢氧化速度。

8. 设计一个对照实验装置，将可加深对缓慢氧化概念的理解。

方法是：在两个装有 50 毫升水的大烧杯中，同时倒置两个大小相同的试管，其中试管 A 中附着有经过处理的铁屑，试管 B 是空的，静置几天后，可观察到 A 管中水位约上升至管容积的 1/5，试管 B 的水位无什么变化。显然，A 管是由于铁的氧化生锈消耗了氧气而使管中气体体积变小。

实验二：铝箔在空气中的缓慢氧化

【实验用品】注射器（56 毫升）、橡皮塞、硝酸汞、铝箔。

【实验步骤】

用药棉签蘸取少量硝酸汞的浓溶液，在铝箔表面（两面）刷一层药液之后，随即用脱脂棉或滤纸把铝箔擦干，迅速把它放入一个 50 毫升的注射器筒中，插入注射器活塞，使活塞端对准 50 毫升刻度处。注射端用橡皮塞塞紧封闭 1~2 分钟之后，可见铝箔表面有鹅毛样的白色氧化铝生成，反应放热使注射器变得温热。由于反应消耗了空气中的氧，使注射器的注射活塞往里推进了一段距离。

【实验分析】

实验用注射器须用棉花或滤纸擦干，用硝酸汞处理后的铝箔也应当充分擦干水，以免汞剂与水反应产生氢，影响实验结果。

实验三：对苯二酚的缓慢氧化

【实验用品】具支烧瓶、分液漏斗、单孔橡皮塞、玻璃导管、脱脂棉、铁架台（带铁夹）、对苯二酚（几奴尼）、氢氧化钠。

【实验步骤】

1. 在具支烧瓶里装入少量用对苯二酚溶液浸渍过的脱脂棉团。分液漏斗里装氢氧化钠溶液。具支烧瓶的侧管上连一根导管，把它插入盛水的小烧杯中。

2. 当把稀氢氧化钠溶液逐滴加入烧瓶中与棉团的对苯二酚相遇时，对苯二酚被空气中的氧气缓慢氧化生成对苯醌，把棉团染成棕黑色。与此同时，导管中的水位则缓缓上升。

【实验分析】

对苯二酚可用焦性没食子酸（化学名称为 1，2，3 - 三羟基苯）代替，效果最好，它与碱生成焦性没食子酸盐，也是一种强还原剂，吸收氧气的速度最快，常被用来作氧气的吸收剂。只因这种试剂在中学化学里不常使用，才选用对苯二酚。本来对苯二酚也不是中学化学的常用试剂，但它是任何照相馆和照相器材商店里可以零售的常用试剂，可考虑采用，商品名为海德尔。

焦性没食子酸与氧气接触时，被氧化为六羟基联苯钾：

$$C_6H_3(OH)_3 + 3KOH == C_6H_3(OK)_3 + 3H_2O$$
$$2C_3H_3(OK)_3 + 1/2O_2 == (KO)_3C_6H_2—C_6H_2(OK)_3 + H_2O$$

苯二酚

苯二酚能与蒸汽一起挥发，是强还原剂，遇明火能燃烧。受高热散发出有毒、有腐蚀性气味，能经皮肤引起中毒。能升华，有毒，对中枢神经、呼吸系统有刺激作用，大鼠经口 LD50 为 3890mg/kg。

苯二酚是医药工业重要的中间体，用于制备黄连素、异丙肾上腺等药品；也是重要的基本有机化工原料，广泛用于生产染料、光稳定剂、感光材料、香料、防腐剂、促进剂、特种墨水、电镀材料、生漆阻燃剂；也可用作阻聚剂、橡胶防老剂、合成氨脱硫工艺辅助溶剂等；作为化学试剂，主要用于比色法测定磷、镁、硅和砷等，作为还原剂检验磷酸盐、钨酸盐、硝酸盐、亚硝酸盐、硒等。另外，还是一种使用很广泛的收敛剂和抗氧化剂。

铁的实验

实验一：铁钉生锈

【实验用品】试管、烧杯、铁架台、细铁丝。

【实验步骤】

取光亮无锈的细铁丝一段，绕成螺旋状，放入干燥洁净的试管里。固定在铁架台上，并倒立在盛清水的烧杯里。管里的铁丝要高出水面约3～4厘米，且不滑落下来。把这个装置这样放置四天至一周后，可观察到铁丝已生锈，试管里水面升高约为试管高度的1/5。

【实验分析】

1. 时间足够，当试管里的氧气完全和铁反应生成铁锈时，试管内进入的水能达到试管高度的1/5（占空气体积的1/5）。

2. 铁丝螺旋圈可在进行这个实验的试管外壁绕成，装入试管时把铁丝圈拉长一些即可装入试管内，再把螺旋圈压紧，圈径扩大而紧贴试管内壁不会滑落下来。

实验二：硫酸亚铁的制取

【实验用品】烧杯（150毫升）、玻璃棒、量筒（50毫升）、漏斗、蒸发皿、石棉网、三脚架、酒精灯、结晶皿、托盘天平（附砝码）、滤纸、铁刨花、硫酸（10%～30%）。

【实验步骤】

1. 称取铁刨花10克放在烧杯里，用10%硫酸浸洗三次。

2. 把清洗过的铁刨花放在烧杯里，缓慢地加入30%硫酸50～60毫升，用玻璃棒轻轻搅动，反应中放出很多氢气泡（放在通气处）。

3. 当液体停止放出气泡时，反应结束，过滤，得到硫酸亚铁的清液。

4. 把上述清液倒入蒸发皿里蒸发、浓缩，此时在溶液里加入少量洁净无锈的铁屑，以防止 Fe^{2+} 离子被氧化，待蒸发到液体表面有黏膜出现时，停止加热，放置冷却，让硫酸亚铁在室温中自行结晶析出。倾泻出母液，即得粗制品。

5. 将上述粗制品放在洁净的蒸发皿里，加入少量稀硫酸，加热，使硫酸亚铁熔化，再次过滤后继续加热蒸发，逐步去除硫酸亚铁晶体里的湿存水和部分（全部）结晶水，直至它呈浅绿色或无色为止。

6. 把固体物移放在结晶皿里让它冷却，最后把它放在瓶内密封保存。

【实验分析】

1. 本实验利用铁刨花和硫酸反应制取硫酸亚铁，主要的反应方程式是

$Fe + H_2SO_4 \xlongequal{\quad\quad} FeSO_4 + H_2 \uparrow$

铁刨花用稀硫酸浸洗后，可能还留有少量氧化铁（Fe_2O_3），会发生下列反应

$Fe_2O_3 + 3H_2SO_4 \xlongequal{\quad\quad} Fe_2(SO_4)_3 + 3H_2O$

$Fe_2(SO_4)_3 + Fe \xlongequal{\quad\quad} 3FeSO_4$

2. 无水硫酸亚铁在冷却时，会吸收空气里的水分，放置一昼夜后，逐渐变成不含湿存水而含有部分结晶水的浅绿色硫酸亚铁晶体。

3. 铁刨花不是纯铁，里面含有杂质，所以它与硫酸反应时散出的气体有一股难闻的臭气，并且有害，这一操作应在通风橱内或在室外进行。

4. 铁刨花与硫酸反应所得的粗制硫酸亚铁溶液，因含有杂质，常常成为黏稠状的浑浊液体，须趁热过滤，冷却后较难过滤。

5. 为了防止硫酸亚铁晶体被氧化，要使它脱水后再结晶，在加热脱水时要加入少量较纯的稀硫酸，因为在酸性环境下加热，Fe^{2+} 离子不容易变成 Fe^{3+} 离子。

实验三：铁与水的反应

【实验用品】铁架台、酒精灯、酒精喷灯、水槽、玻璃管（口径约 2~3 厘米，长约 45 厘米）、烧瓶、导管、单孔胶塞、试管、还原铁粉。

【实验步骤】

1. 把仪器连接好，检查气密性。在烧瓶中装入 1/3~1/2 容积的水，在玻璃管中央铺一薄层还原铁粉。

2. 同时加热烧瓶和玻璃管，当水蒸气通过灼热的铁粉时，很快有氢气放出，用排水法在试管中收集气体，点燃试管中收集到的气体，证明是氢气。

【实验分析】

1. 铁在常温时（有氧气存在下）和水能缓慢作用，例如铁锈的生成。在高温时铁能和水蒸气反应，生成四氧化三铁和氢气：

$$3Fe + 4H_2O（气）\overline{\qquad\qquad}Fe_3O_4 + 4H_2$$

2. 反应中所用铁粉要用还原铁粉，如果铁粉已部分被氧化，使用前应用氢气进行还原处理。该反应要在高温下才能发生，故在铁粉处应用酒精喷灯加热，火焰对准铺铁粉处，铁粉要铺开，以扩大和水蒸气的接触面积。

实验四：铁的钝化

【实验用品】250 毫升广口试剂瓶 5 个（带磨口瓶塞）、三角锉、铁锤、镊子、砂纸、铁片 2 片（约 3 厘米×12 厘米）、发烟硝酸、6 摩/升硝酸、浓盐酸、1 摩/升硫酸铜溶液、6 摩/升盐酸、蒸馏水。

【实验步骤】

1. 铁片除锈。用砂纸擦净铁锈，并用 6 摩/升盐酸洗净，再用自来水和蒸馏水冲洗。

2. 钝化膜的形成。在三个广口瓶中分别加入 200 毫升浓盐酸、发烟硝酸、蒸馏水。用镊子夹持铁片在浓盐酸中浸一下，取出，待过剩的浓盐酸滴完后，再浸入发烟硝酸中约 2 分钟；小心地将铁片取出，再放入蒸馏水中清洗，铁表面即形成了钝化膜。

3. 在两个广口瓶中分别加入 200 毫升 6 摩/升的硝酸和硫酸铜溶液，把钝化过的铁片小心地浸入硝酸中观察。取出铁片用锉刀锉一下，或用铁锤击一下，再浸入硝酸中，剧烈反应，产生红棕色二氧化氮气体。

将另一片钝化过的铁片，小心浸入硫酸铜溶液中一会儿，然后轻轻提取出来，看到铁片表面仍为白色，没有发生反应。再用铁锤轻击一下，观察，从被击的一点开始，紫红色的铜立即在铁片上蔓延开，白色铁片上很快覆盖了一层紫红色的铜。

【实验分析】

1. 铁易溶于稀硝酸，又能与硫酸铜溶液发生置换反应，反应方程式分别为：

$$Fe + 4HNO_3（稀）\overline{\qquad\qquad}Fe(NO_3)_3 + NO\uparrow + 2H_2O$$

$$Fe + CuSO_4\overline{\qquad\qquad}Cu + FeSO_4$$

但当把铁片在冷的浓硝酸中浸过后，硝酸就把铁的表面氧化，生成一层薄而致密的氧化物（即钝化膜），阻止铁的内部进一步氧化。用铁锤击一下或用锉刀锉一下，钝化膜即被破坏，铁又恢复原来的性质，可与稀硝酸和硫酸铜溶液反应。冷的浓硝酸、浓硫酸都能使铝和铁钝化，所以，工业上用铝或铁制容器来贮存、装运浓硝酸、浓硫酸。

2. 形成钝化膜时必须用发烟硝酸，当发烟硝酸和浓盐酸用完后，应马上盖上瓶塞，防止挥发。制成的钝化铁片，一定要小心取放，不能和广口瓶壁或其他物件碰撞。

从硫酸铜溶液中取出的钝化铁片要平放，使表面存留一层硫酸铜溶液，当用锤轻击后，硫酸铜溶液就和铁立即反应，铜被置换出来。

3. 检验钝化膜的性质时要用稀硝酸，浓度以 6 摩/升左右为宜，硝酸的还原产物主要是一氧化氮，也有一部分二氧化氮。当一氧化氮接触空气时被氧化成二氧化氮，所以观察到的气体为红棕色。

实验五：铁的自燃

【实验用品】石棉网、试管、烧杯、漏斗、滤纸、铁架台、酒灯、胶塞、玻璃棒、硫酸亚铁晶体（$FeSO_4 \cdot 7H_2O$）、草酸晶体（$H_2C_2O_4 \cdot 2H_2O$）。

【实验步骤】

1. 制取草酸亚铁晶体（$FeC_2O_4 \cdot 2H_2O$）：配制等摩尔浓度（约 2～3 摩/升）硫酸亚铁和草酸溶液，取等体积的两种溶液（20 毫升左右）相混合，则有黄色草酸亚铁晶体沉淀析出。过滤，洗涤沉淀，再用滤纸把沉淀吸干。

2. 制取自燃铁粉：把制得的草酸亚铁移入试管中，在酒精灯上加热，直到黄色的草酸亚铁晶体完全转变为灰黑色粉末，此灰黑色粉末即为自燃铁粉。然后用胶塞塞紧试管口，将试管放在安全的地方（远离易燃物品）。

3. 另取一支试管，装入普通铁粉，用磁铁在试管外壁分别吸引自燃铁粉和普通铁粉，观察到它们都能被磁铁吸引。取两块石棉网，将两种铁粉都慢慢地倒在石棉网上，普通铁粉不会燃烧，而自燃铁粉则立即起燃。

【实验分析】

1. 自燃铁粉的自燃作用，主要是它的粒度很细，具有很大的氧化表面积，因而反应很快。这个实验说明固体物质的化学反应速度与反应物的接触面积有关。

2. 硫酸亚铁与草酸在溶液中发生的反应离子方程式为：

$$Fe^{2+} + H_2C_2O_4 + 2H_2O =\!=\!=\!= FeC_2O_4 \cdot 2H_2O \downarrow + 2H^+$$

制取草酸亚铁也可用草酸铵溶液和六水合硫酸亚铁铵溶液相互混合制得。草酸亚铁受热分解生成铁和二氧化碳：

$$FeC_2O_4 \cdot 2H_2O =\!=\!=\!= Fe + 2CO_2 \uparrow + 2H_2O$$

3. 在加热草酸亚铁时，试管口应稍向下倾斜，产生的水蒸气会在试管内壁上凝结，要用滤纸吸去。当加热物质逐渐变为黑色粉末后，把试管在灯焰上不断来回移动，以把试管壁上的水珠尽量烘干，管口水珠仍用滤纸吸干。尽量使试管内物质干燥，然后立即塞上塞子，以保证自燃成功。

4. 自燃铁粉在使用之前，要把试管放在安全处，同时要远离易燃物品，以防试管被打破引起火灾。配制药品时要计算好用量，制得的自燃铁粉，一次实验要能完全用掉，不能保存，同样是为防止引起火灾。

5. 演示铁粉自燃时，可以把自燃铁粉缓慢地撒到事先烘干的报纸上，铁粉跟纸接触的地方就有火星出现，甚至报纸会着火燃烧。如把这种铁粉撒在事先用氯化锶、氯化钡的饱和溶液浸过而又设法烘干的疏松棉花上（在棉花里再混加一些铝粉或铁粉）就可得到灿烂夺目的彩色焰火了。

 知识点

钝化膜

金属由于介质的作用生成的腐蚀产物如果具有致密的结构，形成了一层薄膜（往往是看不见的），紧密覆盖在金属的表面，则改变了金属的表面状态，使金属的电极电位大大向正方向跃变，而成为耐蚀的钝态。如 $Fe \rightarrow Fe^{2+}$ 时标准电位为 $-0.44V$，钝化后跃变到 $+0.5 \sim 1V$，而显示出耐腐蚀的贵金属性能，这层薄膜就叫钝化膜。

金属的钝化也可能是自发的过程（如在金属的表面生成一层难溶解的化合物，即氧化物膜）。在工业上是用钝化剂（主要是氧化剂）对金属进行钝化处理，形成一层保护膜。

▌▌▌ CO_2、CO 实验

实验一：二氧化碳的研究实验

【实验用品】圆底烧瓶、分液漏斗、集气瓶、水槽、铁架台（带铁夹）、碳酸钙粉末、稀硫酸（1:5）。

【实验步骤】

1. 把大理石、钟乳石、石笋、白垩、石灰石中的任何一种，在研钵里粉碎并磨成细粉。

2. 制备二氧化碳的装置。在左边的烧瓶里放些石灰石粉末，从分液漏斗里加入 1 : 5 的稀硫酸，反应异常迅速。可用向上排空气集气法，或用排水（水中加入 2 ~ 3 滴稀硫酸）取气法收集二氧化碳。

【实验分析】

1. 学生常常有一种误解，以为碳酸钙不与硫酸反应。这里有个反应条件的问题：实验表明，呈块状的碳酸钙，确是因反应生成微溶性 $CaSO_4$ 附着在碳酸钙表面，阻止反应的继续进行，似有反应刚开始，就呈现反应趋于结束的情况，因此不能用块状的石灰石、大理石、钟乳石等与稀硫酸反应制二氧化碳。但是粉碎了的碳酸钙粉末与稀硫酸的接触面积大大增加，反应速度也大大加快，因此也可用于实验室制二氧化碳，只不过增加了一道粉碎磨细石灰石的操作过程。可见，反应物相同，反应条件（粉细程度）不同，实验结果也会不一样。

2. 能不能用排水取气法来收集二氧化碳要视具体情况而定。

（1）考虑到二氧化碳要溶于水，不能用排水取气法来收集少量的二氧化碳。

（2）考虑到二氧化碳在水中的溶解度不大（通常状况下，1 体积的水约能溶解 1 体积二氧化碳），而且溶解速度又慢。通常收集大量的二氧化碳，可以用排水取气法来收集。

（3）收集少量或不含混有空气的二氧化碳时，可以采用排稀酸（只需在集气水槽中加几滴盐酸）的方法来收集二氧化碳。因为二氧化碳溶于水，但不溶于稀酸。

实验二：一氧化碳的毒性

【实验用品】制取氧和一氧化碳的简易发生装置、试管、试管架、酒精灯、导管、棉花、药匙、量筒、烧杯、锰酸钾、甲酸、浓硫酸、4% 柠檬酸钠溶液、新鲜鸡血。

【实验步骤】

1. 鸡血全血及其稀释液的制备。往烧杯中加入 100 毫升 4% 柠檬酸钠溶液，作为血液的抗凝剂；倒入新鲜鸡血，然后搅动，使鸡血与抗凝剂充分混合，即得到暗红色的全血。把全血用蒸馏水按 1∶30 比例稀释，稀释后血液呈深红色备用。

2. 安装好制取一氧化碳的简易装置，在试管内盛 2 毫升甲酸，小心地加入 2 毫升浓硫酸，用具有带导管的橡皮塞塞紧，单导管再用橡皮管与通气导管相连，然后固定在铁架台上。

3. 装好制氧气简易发生装置。

4. 两个试管并列地放在试管架上，往试管内各加入 5 毫升鸡血稀释液，其中一个试管内的血液做对比用。往另一个试管内的血液中通入一氧化碳气体。实验开始时，先微火加热盛有甲酸和浓硫酸混合物的试管，并将导气管伸入盛有血液的试管内，然后加热火力稍强。此时可见试管内有连续气泡通入血液内，30 秒后先取出导管再熄灭酒精灯。此时把通入一氧化碳气体的血液与正常血液进行观察对比，可见血液与一氧化碳接触后颜色变成樱桃红色，而正常血液呈深红色，现象很明显。这说明一氧化碳的毒性在于与血液发生作用。

5. 另取两个试管并列地放在试管架上，往试管内各加入 5 毫升血液稀释液，一个试管内通入一氧化碳气体。另一试管内通入氧气，30 秒后停止通气。分别取出导管，在蒸馏水中洗净后，相互交换位置，插入对方的试管里。可见在已通入氧气的血液里再通入一氧化碳气体后，血液很快变成樱桃红色，这是一氧化碳跟血红蛋白结合后的颜色。而已通入一氧化碳气体的血液已呈樱桃红色，此时再通入氧气却不能使樱桃红色变成正常鸡血稀释液的深红色，这说明一氧化碳跟血红蛋白结合得很牢固。通过实验可加深对一氧化碳毒性的认识。

【实验分析】

1. 实验材料除鸡血外，还可采用兔血、鼠血。但是从兔耳静脉采血时需注意，兔血易凝固，需在注射器内放入抗凝剂后再取血，否则血液会凝固在注射器内。

2. 医院临床生化检验室为煤气中毒患者进行血液一氧化碳定性实验时，在血液中加入 3.8% 柠檬酸钠溶液。柠檬酸钠又叫枸橼酸钠，分子式为 $Na_3C_6H_5O_7$。

3. 本实验不宜直接使用全血（指加入抗凝剂的血液）。用蒸馏水将全血按 1∶30 倍数稀释，实验效果最好，按 1∶50 倍数稀释，检验效果也可令人满意。

4. 必须连续通入一氧化碳使气泡不断产生，这是实验成败的关键。如果间断通入气体，虽然通入时间与连续通入气体的时间相同，但实验效果却不明显。

5. 一氧化碳对血红蛋白的亲和力比氧约大 210 倍，故形成一氧化碳血红蛋白较氧合血红蛋白更为稳定。以上实验也证实了这点，这说明一氧化碳的毒性在于使血液中氧合血红蛋白减少，生物体内组织因而缺氧，严重时可危及生命。因此冬季生煤炉取暖时要防止煤气中毒。

实验三：一氧化碳转化成二氧化碳

【实验用品】烧瓶、分液漏斗、酒精灯、铁架台（带铁环、铁夹）、洗气瓶、粗玻璃管、烧杯、棉花、玻璃导管、橡皮管、双孔塞、甲酸、浓硫酸、澄清石灰水、氧化铜、二氧化锰。

【实验步骤】

1. 安装好实验装置。

2. 将甲酸逐滴加入浓硫酸中混合加热，生成的一氧化碳通入装有澄清石灰水的洗气瓶（不显浑浊），导入装满体积比大约为 1：1 的二氧化锰和氧化铜混合物的粗玻璃管中（玻璃管的两端用棉花团堵住混合物）。最后导出的气体能使澄清的石灰水变浑浊，说明一氧化碳在室温条件下被二氧化锰和氧化铜的混合物氧化成了二氧化碳。

【实验分析】

1. 一氧化碳能在空气中燃烧，这说明氧能将一氧化碳氧化成二氧化碳；在加热条件下，一氧化碳能把氧化铁、氧化铜还原成铁和铜，这说明在加热条件下氧化铁、氧化铜能把一氧化碳氧化成二氧化碳；本实验表明某些金属氧化物或某些金属氧化物的混合物，在室温条件下也能将一氧化碳迅速氧化成二氧化碳。

2. 生产上用氧化银、二氧化锰、氧化钴和氧化铜的混合物做成防毒面具的化学吸收剂，正是基于这些氧化物（特别是氧化银）在室温条件下能将一氧化碳迅速氧化成二氧化碳的这种性质的应用。

3. 甲酸经浓硫酸脱水生成的一氧化碳中，本来不存在二氧化碳，只是在教学演示中为了充分证明导入玻璃管前的气体中没有二氧化碳才安装洗气瓶。

4. 氧化银的效果很好，只因价格较贵，在普通实验条件下，用二氧化锰和氧化铜的混合物都有理想的氧化效果。

实验四：气压对二氧化碳溶解的影响

【实验用品】具支试管、分液漏斗、注射器、单孔橡皮塞、橡皮管、2%碳酸氢钠溶液、稀醋酸。

【实验步骤】

在一个具支试管里加入约2/3体积的2%碳酸氢钠溶液，管口用配有分液漏斗的单孔橡皮塞塞紧。支管处用橡皮管连一个容量为50毫升的注射器。

分液漏斗中加入稀醋酸。实验时，先启开分液漏斗活塞，滴入1~2毫升稀醋酸，试管中便有大量二氧化碳气泡生成，所产生的压强将注射器的活塞往外推出一段距离。用手推进注射器活塞时管内压强加大，此时二氧化碳的溶解度也增大，气泡迅速减少甚至完全消失；再将注射器活塞往外拉，减低管内压强，此时二氧化碳的溶解度减小，于是溶液中又逸出大量的二氧化碳气泡。实验表明，二氧化碳气体的消失和重现，正是压强变化的结果。

【实验分析】

1. 为使观察现象清楚，可在具支试管内的溶液中加入2~3滴红色或蓝色墨水。

2. 分液漏斗中所用的稀酸，可以是醋酸也可以是草酸、柠檬酸或稀硫酸(1:5)；具支试管里的溶液，可以是小苏打，也可以是硫酸钠或二氧化硫饱和水溶液。

 知识点

一氧化碳中毒急救

当发现有人一氧化碳中毒后，救助者必须迅速按下列程序进行救助：

因一氧化碳的比重比空气略轻，救助者进入和撤离现场时，如能匍匐行动会更安全。进入室内时严禁携带明火，当室内煤气浓度过高时，按响门铃、打开室内电灯产生的电火花均可引起爆炸。

进入室内后，应迅速打开所有通风的门窗，关闭煤气开关，绝不可为此耽误时间，因为救人更重要。

赶紧将中毒者背出房间，转移到通风保暖处平卧，解开衣领及腰带以利其呼吸，同时呼叫救护车。

　　在等待运送车辆的过程中，对于昏迷不醒的患者可将其头部偏向一侧，以防呕吐物误吸入肺内导致窒息。为促其清醒可用针刺或指甲掐其人中穴。若其仍无呼吸则要进行人工呼吸。不过，人工呼吸的效果远不如医院高压氧舱的治疗。在送往医院之前，人工呼吸绝不可停止，以保证大脑的供氧，防止因缺氧造成的脑神经不可逆性坏死。

让你学会用化学实验器具
RANGNI XUEHUI YONG HUAXUE SHIYAN QIJU

化学是一门建立在实验基础上的科学，科学家的假说或想法，只有通过实验才能得以验证，而实验离不开形形色色功能各异的器具，一项实验能否顺利地进行，器具的材料、性能固然重要，同样重要的还有实验者对器具功能的了解程度。很显然，如果你对各种实验器具的用途了然于心，做起实验来自然得心应手，也容易达到你所预期的效果；相反，如果你对实验器具不能熟练运用，你纵然有天才的想法也只是空想。通过本章的学习，有助于加深你对各种实验器具的了解，从而使你在实验中运用自如，让你的各种奇思妙想经过实验的验证而成为现实！

试 管

规格：试管分普通试管、具支试管、离心试管等多种。

普通试管的规格以外径（毫米）×长度（毫米）表示，如 15×150、18×180、25×200 等。

离心试管以容量毫升数表示。

主要用途

1. 盛取液体或固体试剂。

2. 加热少量固体或液体。

3. 制取少量气体反应器。

4. 收集少量气体用。

5. 溶解少量气体、液体或固体的溶质。

使用注意事项

1. 盛取液体时容积不超过其容积的1/3。

2. 用滴管往试管内滴加液体时不能伸入试管口。

试　管

3. 取块状固体放入试管要用镊子，不能使固体直接坠入试管中，防止试管底破裂。

4. 试管是可以直接加热的。加热使用试管夹，试管口不能对着人。加热盛有固体的试管时，管口稍向下，加热液体时倾斜约45°。

5. 受热要均匀，以免暴沸或试管炸裂。

6. 加热后不能骤冷，防止破裂。

7. 加热时要预热，防止试管骤热而爆裂。

8. 加热时要保持试管外壁没有水珠，防止受热不均匀而爆裂。

9. 加热后不能在试管未冷却至室温时就洗涤试管。

 知识点

拉瓦锡的实验与质量守恒定律

法国化学家拉瓦锡对化学的贡献之一便是从试验的角度验证并总结了质量守恒定律。早在拉瓦锡出生之时，俄国科学家罗蒙诺索夫就提出了质量守恒定律，他当时称之为"物质不灭定律"，其中含有更多的哲学意蕴。但由于"物质不灭定律"缺乏丰富的实验根据，特别是当时俄罗斯的科学还很落后，西欧对沙俄的科学成果不重视，"物质不灭定律"没有得到广泛地传播。

拉瓦锡用硫酸和石灰合成了石膏，当他加热石膏时放出了水蒸气。拉瓦锡用天平仔细称量了不同温度下石膏失去水蒸气的质量。他的导师鲁伊勒把失去水蒸气称为"结晶水"。这次意外的成功使拉瓦锡养成了经常使用天平的习惯。由此，他总结出质量守恒定律，并成为他进行实验、思维和计算的基础。

冷凝管

冷凝管

利用热交换原理使冷凝性气体冷却凝结为液体的一种玻璃仪器。

规格：有直形、球形、蛇形和刺形等。

主要用途

用于蒸馏液体或有机备置中，起冷凝或回流作用。

使用方法

冷凝管由内外组合的玻璃管构成，在其外管的上下两侧分别有连接管接头，用作进水口和出水口。冷凝管在使用时应将靠下端的连接口以塑胶管接上水龙头，当做进水口。因为进水口处的水温较低，而被蒸气加热过后的水温度较高；较热的水因密度降低会自动往上流，有助于冷却水的循环。冷凝管通常使用于欲在回流状况下做实验的烧瓶上或是欲搜集冷凝后的液体时的蒸馏瓶上。蒸气的冷凝发生在内管的内壁上。内外管所围出的空间则为行水区有吸收蒸气热量并将这热量移走的功用。进水口处通常有较高的水压，为了防止水管脱落，塑胶管上应以管束绑紧。当在回流状态下使用时，冷凝管的下端玻璃管要插入一个橡皮塞，以便能塞入烧瓶口中，承接烧瓶内往上蒸发的蒸气。

回流冷凝管：有易挥发的液体反应物时，为了避免反应物损耗和充分利用原料，要在发生装置设计冷凝回流装置，使该物质通过冷凝后由气态恢复为液态，从而回流并收集。实验室可通过在发生装置安装长玻璃管或冷凝回流管等实现。

移液管

用来准确移取一定体积的溶液的量器。移液管是一种量出式仪器，只用来测量它所放出溶液的体积。它是一根中间有一膨大部分的细长玻璃管。其下端为尖嘴状，上端管颈处刻有一条标线，是所移取的准确体积的标志。常用的移液管有 5 毫升、10 毫升、25 毫升、50 毫升等规格。通常又把具有刻度的直形玻璃管称为吸量管。常用的吸量管有 1 毫升、2 毫升、5 毫升、10 毫升等规格。移液管和吸量管所移取的体积通常可准确到 0.01 毫升。

使用移液管前，应先用铬酸洗液润洗，以除去管内壁的油污，然后用自来水冲洗残留的洗液，再用蒸馏水

移液管

洗净。洗净后的移液管内壁应不挂水珠。移取溶液前，应先用滤纸将移液管末端内外的水吸干，然后用欲移取的溶液涮洗管壁 2 ~ 3 次，以确保所移取溶液的浓度不变。

移取溶液时，用右手的大拇指和小指捏着移液管颈的上方，将其末端插入溶液中，左手拿洗耳球，先把球中空气压出，再将球的尖嘴接在移液管上口，慢慢松开压扁的洗耳球使溶液吸入管内。当液面升高到刻线以上时，移去洗耳球，立即用右手食指堵住上口。将移液管提出液面，使其保持垂直，同时末端靠在容器的内壁上，为此可使容器略倾斜。然后略为放松食指，并轻轻捻动管身，使液面缓慢下降，当溶液的弯月面下沿恰与刻线相切时，立即用食指压紧上口，使溶液不再流出。将移液管取出并插入承接容器中。为保持其垂直并使末端靠在容器内壁，可使承接容器略倾斜。松开食指，让管内溶液自然地全部沿容器壁流下。全部溶液流完后需等 15 秒后再拿出移液

管，以便使附着在管壁的部分溶液得以流出。如果移液管未标明"吹"字，则残留在管尖末端内的溶液不可吹出，因为移液管所标定的量出容积中并未包括这部分残留溶液。

移液管主要用于定量分析时，移取液体使用。

目前为适应不同领域，移液管有多种包装形式，无菌袋装、无菌单独包装、普通包装；为使用不同黏度液体，开口形式有窄口、宽口、开口。

 知识点

普里斯特利的实验与植物呼吸

普里斯特利是英国化学家，他对空气产生了浓厚的兴趣。他注意到动物在受污染的空气中会死去，那么植物又会怎样呢？对此，他设计了如下实验：把一盆花放在玻璃罩内，花盆旁边放了一支燃烧着的蜡烛来制取受污染的空气。当蜡烛熄灭几小时后，植物却看不出什么变化。他又把这套装置放到靠近窗子的桌子上，次日早晨发现，花不仅没死，而且长出了花蕾。由此他想到，难道植物能够净化空气吗？为了验证这一想法，他点燃了一支蜡烛，并迅速放入罩内。蜡烛果然正常燃烧着，过了一段时间才熄灭。当时，科学家们把一切气体统称为空气。为了确定究竟有几种空气，普里斯特利曾多次重复自己的实验。他认为，在啤酒发酵、蜡烛燃烧以及动物呼吸时产生的气体，就是早先人们所称的"固定空气"（实则二氧化碳）。他对这种"固定空气"的性质做了深入研究。他证明，植物吸收"固定空气"可以放出"活命空气"（实则氧气）。

▌▌比色管

比色管是化学实验中用于目视比色分析实验的主要仪器，可用于粗略测量溶液浓度。

外观及规格：外形与普通试管相似，但比试管多一条精确的刻度线并配有橡胶塞或玻璃塞，且管壁比普通试管薄，常见规格有 10 毫升、25 毫升、50

毫升三种。

使用方法

用滴定管将标准溶液分别滴入几支比色管中（假设比色管为 VmL 规格的，标准溶液浓度为 a），且每支比色管滴入的标准溶液体积不同（假设为 X1、X2、X3…），再用滴管向每支比色管中加蒸馏水至刻度线处，盖上塞子后振荡摇匀，

比色管

这样就可以根据标准液以及滴定管滴入每支比色管的标准液体积计算出每支比色管中溶液的浓度（每支比色管内溶液浓度分别为aX1/V、aX2/V、aX3/V…）。

这时将待测溶液装入另一支比色管中，再将装待测溶液的比色管与之前所配制的标准溶液进行比色（比色即为将颜色进行对比），即可粗略得出待测溶液的浓度。

比色时一次只将装待测溶液的比色管与一支装标准溶液的比色管进行对比，对比时将两支比色管置于光照程度相同的白纸前面，用肉眼观察颜色差异。

使用注意事项

1. 比色管不是试管，不能加热，且比色管管壁较薄，要轻拿轻放。

2. 同一比色实验中要使用同样规格的比色管。

3. 清洗比色管时不能用硬毛刷刷洗，以免磨伤管壁影响透光度。

4. 比色时一次只拿两支比色管进行比较且光照条件要相同。

胶头滴管

胶头滴管又称胶帽滴管，它是用于吸取或滴加少量液体试剂的一种仪器。

种类和规格

胶头滴管由胶帽和玻璃滴管组成，有直形及弯形、有缓冲球等几种形式。

胶头滴管

胶头滴管的规格以管长表示，常用的有 90 毫米、100 毫米两种。

使用注意事项

1. 握持方法是用中指和无名指夹住玻璃管部分以保持稳定，用拇指和食指挤压胶头以控制试剂的吸入或滴加量。

2. 胶头滴管加液时，不能伸入容器，更不能接触容器。

3. 不能倒置，也不能平放于桌面上，应插入干净的瓶中或试管内。

4. 用完之后，立即用水洗净。严禁未清洗就吸取另一试剂。

5. 胶帽与玻璃滴管要结合紧密不漏气，若胶帽老化，要及时更换。

6. 胶头滴管向试管内滴加有毒或有腐蚀性的液体时，该滴管尖端允许接触试管内壁。

烧 杯

烧杯是一种常见的实验室玻璃器皿，通常由玻璃、塑料或者耐热玻璃制成。烧杯呈圆柱形，顶部的一侧开有一个槽口，便于倾倒液体。有些烧杯外壁还标有刻度，可以粗略地估计烧杯中液体的体积。

烧杯一般都可以加热，在加热时一般应该均匀加热，最好不要干烧。

烧杯经常用来配置溶液和作为较大量的试剂的反应容器。在操作时，经常会用玻璃棒或者磁力搅拌器来进行搅拌。

常见的烧杯的规格有：10 毫升，15 毫升，25 毫升，50 毫升，100 毫升，250 毫升，400 毫升，500 毫升，600 毫升，1000 毫升，2000 毫升。

使用方法

烧杯因其口径上下一致，取用液体非常方便，是做简单化学反应最常用的反应容器。烧杯外壁有刻度时，可估计其内的溶液体积。有的烧杯在外壁上亦会有一小区块呈白色或是毛边化，在此区内可以用铅笔写字描述所盛物的名称。若烧杯上没有此区时，则可将所盛物的名称写在标签纸上，再贴于烧杯外壁作为标志之用。反应物需要搅拌时，通常以玻璃棒搅拌。当溶液需要移到其他容器内时，可以将杯口朝向有突出缺口的一侧倾斜，即可顺利地将溶液倒出。若要防止溶液沿着杯壁外侧流下，可用一枝玻璃棒轻触杯口，则附在杯口的溶液即可顺利地沿玻棒流下。

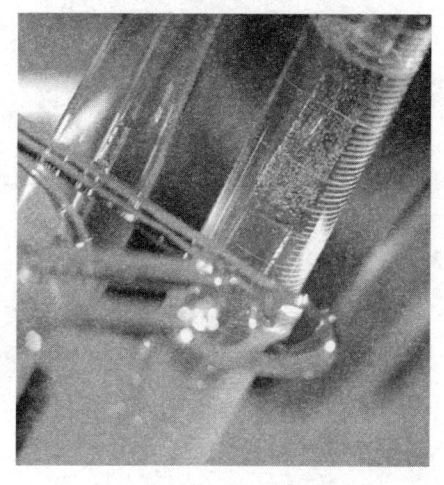

烧 杯

主要用途

1. 物质的反应器、确定燃烧产物。

2. 溶解、结晶某物质。

3. 盛取、蒸发浓缩或加热溶液。

使用注意事项

烧杯用做常温或加热情况下配制溶液、溶解物质和较大量物质的反应容器。使用烧杯应注意：

1. 给烧杯加热时要垫上石棉网，以均匀供热。不能用火焰直接加热烧杯，因为烧杯底面大，用火焰直接加热，只可烧到局部，使玻璃受热不匀而引起炸裂。加热时，烧杯外壁须擦干。

2. 用于溶解时，液体的量以不超过烧杯容积的 1/3 为宜，并用玻璃棒不断轻轻搅拌。溶解或稀释过程中，用玻璃棒搅拌时，不要触及杯底或杯壁。

3. 盛液体加热时，不要超过烧杯容积的 2/3，一般以烧杯容积的 1/2 为宜。

4. 加热腐蚀性药品时，可将一表面皿盖在烧杯口上，以免液体溅出。

5. 不可用烧杯长期盛放化学药品，以免落入尘土和使溶液中的水分蒸发。

6. 不能用烧杯量取液体。

知识点

诺贝尔的实验与炸药

1863 年 10 月，瑞典人诺贝尔获得炸药发爆剂的发明专利权。这项发明人们称之为"诺贝尔引燃器"。1865 年，诺贝尔硝化甘油有限公司在斯德哥尔摩建立，这是世界上第一家生产危险性较小的硝化甘油的工厂。在液体硝化甘油的生产过程中，他多次实验，反复钻研，研制成了固体韧性燃料，并先后在瑞典、英国和美国取得炸药的专利。接着，于 1888 年又发明了用来制造军用炮弹、手雷和弹药的无烟炸药，亦称诺贝尔爆破炸药。诺贝尔不仅在炸药方面做出了贡献，而且在电化学、光学、生物学、生理学和文学等方面也有一定的建树。诺贝尔的一生中，仅在英国申请的发明专利就有 355 项之多。

烧 瓶

使用方法

烧瓶通常具有圆肚细颈的外观，与烧杯明显地不同。它的窄口是用来防止溶液溅出或是减少溶液的蒸发，并可配合橡皮塞的使用，来连接其他的玻璃器材。当溶液需要长时间的反应或是加热回流时，一般都会选择使用烧瓶作为容器。烧瓶的开口没有像烧杯般的突出缺口，倾倒溶液时更易沿外壁流下，所以通常都会用玻璃棒轻触瓶口以防止溶液沿外壁流下。烧瓶因瓶口很窄，不适用玻璃棒搅拌，若需要搅拌时，可以手握瓶口微转手腕即可顺利搅拌均匀。若加热回流时，则可于瓶内放入磁搅拌器，以加热搅拌器加以搅拌。烧瓶随着其外观的不同可分平底烧瓶和圆底烧瓶两种。通常平底烧瓶用在室温下的反应，而圆底烧瓶则用在较高温的反应。这是因为圆底烧瓶的玻璃厚薄较均匀，可承受较大的温度变化。

主要用途

1. 液体和固体或液体间的反应器。
2. 装配气体反应发生器（常温、加热）。
3. 蒸馏或分馏液体（用带支管烧瓶又称蒸馏烧瓶）。

使用注意事项

1. 注入的液体不超过其容积的 2/3。
2. 应放在石棉网上加热，使其受热均匀；加热时，烧瓶外壁应无水滴。
3. 蒸馏或分馏要与胶塞、导管、冷凝器等配套使用。
4. 平底烧瓶不能长时间用来加热。
5. 不加热时，若用平底烧瓶作反应容器，无需用铁架台固定。

锥形瓶

　　硬质玻璃制成的纵剖面呈三角形状的滴定反应器，口小、底大，有利于滴定过程进行振荡时，反应充分而液体不易溅出。该容器可以在水溶或电炉上加热。

锥形瓶

　　锥形瓶为平底窄口的锥形容器，一般皆使用于滴定实验中。为了防止滴定液下滴时会溅出瓶外，造成实验的误差，再将瓶子放在磁搅拌器上搅拌。也可以用手握住瓶颈以手腕晃动，即可顺利地搅拌均匀。

　　锥瓶亦可用于普通实验中，制取气体或作为反应容器。其锥形结构相对稳定，不会倾倒。

　　规格：以毫升计，5 毫升~2 升。

用途：盛装反应物，定量分析。

使用注意事项

1. 注入的液体最好不超过其容积的1/2，过多容易造成喷溅。

2. 加热时使用石棉网（电炉加热除外）。

3. 烧杯外部要擦干后再加热。

锥瓶衍生物

具支锥形瓶：在锥瓶侧面加一支管，作用同具支管试管。

碘量瓶：在锥形瓶口上使用磨口塞子，并且加一水封槽。用于碘量分析，盖塞子后以水封瓶口。

集气瓶

集气瓶

一种广口玻璃容器，瓶口平面磨砂，能跟毛玻璃保持严密接触，不易漏气。用于收集气体、装配洗气瓶和进行物质跟气体之间的反应。

使用注意事项

不能用于加热。如果物质与气体是放热反应，集气瓶内应放适量水或铺一层砂。

主要的集气方法

使用方法收集气体共分为排水法、向上排空气法和向下排空气法。

排水法：先将集气瓶中灌满水倒扣在水槽中，将导管插入集气瓶中，待瓶中水全部排空后盖上毛玻璃片取出。只适用于不溶于水或微溶于水的气体。

向上排空气法：先将干燥、洁净的空集气瓶瓶口向上正放在实验桌面上，将导管伸入集气瓶底部，开始收集气体。进行一段时间后，可以进行验满的实验。

氧气：将带火星的木条（火柴）放在瓶口，若木条（火柴）复燃，则说明瓶内氧气已满；二氧化碳：将带火焰的木条（火柴）放在瓶口，若木条（火柴）熄灭，则说明瓶内二氧化碳已满。

向上排空气法一般用于收集易溶于水或会与水发生化学反应的气体，且该气体的密度必须大于空气的密度；不适用于会与空气中物质发生反应或密度小于空气的气体收集。

向下排空气法：用于收集密度小于空气密度的气体，如氢气。

爱迪生的实验与蓄电池

自 1900 年伏打发明电池以后，人们用电离不开跟蓄电池打交道。可当时的蓄电池容易腐烂变质，因此寿命短。

这一弊端引起爱迪生的思索，他决定进行改进，于是开始了漫长而艰辛的实验。

1904 年初，在经过无数次地失败实验之后，爱迪生终于找到了用烧碱（氢氧化钠）溶液代替硫酸、用镍和铁代替铅的方法，制成了一种新型的镍铁碱电池。因为烧碱溶液对镍铁没有腐蚀作用，这种新电池的寿命可延长数倍，而且电力足，轻巧灵便。

试验成功后，他的助手问："是不是马上公布新的蓄电池成功的消息？"爱迪生说："别忙，试验并未结束，还有一道难关在后面呐！"他用新电池装备了 6 部不同的电动车，叫 6 个工人，每人开一部到野外道路上做试验。这样经过 2 个多月反反复复的颠簸，结果证明电池不怕震荡，才准备把这种蓄电池投入生产。

▌▌▌ 容量瓶

是一种细颈梨形平底瓶，由无色或棕色玻璃制成，带有磨口玻璃塞或塑料塞。颈上刻有一环形标的是量入式量器，表示在所指温度下（一般为20℃）液体充满至标线时的容积。容量瓶的用途是配制准确精度的溶液或定量地稀释溶液。该量瓶常和移液管配合使用，以把某种物质分为若干等份。通常有 25 毫升、50 毫升、100 毫升、250 毫升、500 毫升、1000 毫升等数种规格，实验中常用的是 100 毫升和 250 毫升的容量瓶。

在使用容量瓶之前，要先进行以下两项检查

容量瓶

1. 容量瓶容积与所要求的是否一致。

2. 检查瓶塞是否严密、不漏水。在瓶中放水到标线附近，塞紧瓶塞，使其倒立 2 分钟，用干滤纸片沿瓶口缝处检查，看有无水珠渗出。如果不漏，再把塞子旋转 180°，塞紧，倒置，试验这个方向有无渗漏。这样做两次检查是必要的，因为有时瓶塞与瓶口，不是在任何位置都是密合的。

合用的瓶塞必须妥为保护，最好用绳把它系在瓶颈上，以防跌碎或与其他容量瓶搞混。

用容量瓶配制标准溶液时，先将精确称重的试样放在小烧杯中，加入少量溶剂，搅拌使其溶解（若难溶，可盖上表皿，稍加热，但必须放冷后才能转移）。沿搅棒用转移沉淀的操作将溶液定量地移入洗净的容量瓶中，然后用洗瓶吹洗烧杯壁 2~3 次，按同法转入容量瓶中。当溶液加到瓶中 2/3 处以后，将容量瓶水平方向摇转几周（勿倒转），使溶液大体混匀。然后，把容量瓶平放在桌子上，慢慢加水到距标线 2~3 厘米，等待 1~2 分钟，使黏附在瓶颈内壁的溶液流下，用胶头滴管伸入瓶颈接近液面处，眼睛平视标线，加水至溶液凹液面底部与标线相切。立即盖好瓶塞，用一只手的食指按住瓶塞，另一只手的手指托住瓶底，注意不要用手掌握住瓶身，以免体温使液体膨胀，影响容积的准确（对于容积小于 100 毫升的容量瓶，不必托住瓶底）。随后将容量瓶倒转，使气泡上升到顶，此时可将瓶振荡数次。再倒转过来，仍使气泡上升到顶。如此反复十次以上，才能混合均匀。

容量瓶不能久贮溶液，尤其是碱性溶液会侵蚀瓶壁，并使瓶塞粘住，无法打开。容量瓶不能加热。

使用容量瓶配制溶液的方法

1. 使用前检查瓶塞处是否漏水。往瓶中倒入 2/3 容积的水，塞好瓶塞。用手指顶住瓶塞，另一只手托住瓶底，把瓶子倒立过来停留一会儿，反复几次后，观察瓶塞周围是否有水渗出。经检查不漏水的容量瓶才能使用。

2. 把准确称量好的固体溶质放在烧杯中，用少量溶剂溶解。然后把溶液沿玻璃棒转移到容量瓶里。

为保证溶质能全部转移到容量瓶中，要用溶剂多次洗涤烧杯，并把洗涤溶液全部转移到容量瓶里。

3. 向容量瓶内加入的液体液面离标线 1 厘米左右时，应改用滴管小心滴加，最后使液体的弯月面与标线正好相切。

4. 盖紧瓶塞，用倒转和摇动的方法使瓶内的液体混合均匀。

使用注意事项

1. 不能在容量瓶里进行溶质的溶解，应将溶质在烧杯中溶解后转移到容量瓶里。

2. 用于洗涤烧杯的溶剂总量不能超过容量瓶的标线。

3. 容量瓶不能进行加热。如果溶质在溶解过程中放热，要待溶液冷却后再进行转移，因为温度升高瓶体将膨胀，所量体积就会不准确。

4. 容量瓶只能用于配制溶液，不能储存溶液，因为溶液可能会对瓶体进行腐蚀，从而使容量瓶的精度受到影响。

5. 容量瓶用毕应及时洗涤干净，塞上瓶塞，并在塞子与瓶口之间夹一条纸条，防止瓶塞与瓶口粘连。

漏　斗

漏斗的种类很多，常用的有普通漏斗、热水漏斗、高压漏斗、分液漏斗和安全漏斗等。按口径的大小和口径的长短，可分成不同的型号。小学自然教学中一般用 6 厘米短颈漏斗。

漏斗是过滤实验中不可缺少的仪器。过滤时，漏斗中要装入滤纸。滤纸有许多种，根据过滤的不同要求可选用不同的滤纸。自然教学可使用普通性滤纸，应根据漏斗的尺寸购买相应尺寸的滤纸。

b

布氏漏斗(a)
和吸滤瓶(b)

漏　斗

使用方法如下

1. 将过滤纸对折，连续两次，叠成 90°圆心角形状。

2. 把叠好的滤纸，按一侧三层，另一侧一层打开，成漏斗状。

3. 把漏斗状滤纸装入漏斗内，滤纸边要低于漏斗边，向漏斗口内倒一些清水，使浸湿的滤纸与漏斗内壁贴靠，再把余下的清水倒掉，待用。

4. 将装好滤纸的漏斗安放在过滤用的漏斗架上，（如铁架台的圆环上）在漏斗颈下放接纳过滤液的烧杯或试管，并使漏斗颈尖端靠于接纳容器的壁上。

5. 向漏斗里注入需要过滤的液体时，右手持盛液烧杯，左手持玻璃棒，玻璃棒下端靠紧漏斗三层纸一面上，使杯口紧贴玻璃棒，待滤液体沿杯口流出，再沿玻璃棒倾斜之势，顺势流入漏斗内，流到漏斗里的液体，液面不能超过漏斗中滤纸的高度。

6. 当液体经过滤纸，沿漏斗颈流下时，要检查一下液体是否沿杯壁顺流而下，注到杯底。否则应该移动烧杯或旋转漏斗，使漏斗尖端与烧杯壁贴牢，就可以使液体顺杯壁下流了。

▍▍▍量　筒

量筒是用来量取液体的一种玻璃仪器，一般有 10 毫升、25 毫升、50 毫升、100 毫升、200 毫升、1000 毫升等规格。

1. 怎样选择量筒？

量筒是量度液体体积的仪器。规格以所能量度的最大容量（毫升）表示。外壁刻度都是以 毫升为单位，10 毫升量筒每小格表示 0.2 毫升，而 50 毫升量筒每小格表示 1 毫升。可见量筒越大，管径越粗，其精确度越小，由视线的偏差所造成的读数误差也越大。所以，实验中应根据所取溶液的体积，尽量选用能一次量取的最小规格的量筒。分次量取也能引起误差。如量取 70 毫升液体，应选用 100 毫升量筒。

2. 怎样把液体注入量筒？

向量筒里注入液体时，应用左手拿住量筒，使量筒略倾斜，右手拿试剂瓶，使瓶口紧挨着量筒口，使液体缓缓流入。待注入的量比所需要的量稍少时，把量筒放平，改用胶头滴管滴加到所需要的量。

3. 量筒的刻度应向哪边？

量筒没有 "0" 的刻度，一般起始刻度为总容积的 1/10。不少化学书上的实验图，量筒的刻度面都背着人，这很不方便。因为视线要透过两层玻璃和液体，若液体是浑浊的，就更看不清刻度，而且刻度数字也不顺眼。所以刻度面对着人才好。

4. 什么时候读出所取液体的体积数？

注入液体后，等 1~2 分钟，使附着在内壁上的液体流下来，再读出刻度值。否则，读出的数值偏小。

5. 怎样读出所取液体的体积数？

应把量筒放在平整的桌面上，观察刻度时，视线与量筒内液体的凹液面的最低处保持水平，再读出所取液体的体积数。否则，读数会偏高或偏低。

6. 量筒能否加热或量取过热的液体？

量筒面的刻度是指温度在 20℃ 时的体积数。温度升高，量筒发生热膨胀，容积会增大。由此可知，量筒是不能加热的，也不能用于量取过热的液体，更不能在量筒中进行化学反应或配制溶液。

7. 从量筒中倒出液体后是否要用水冲洗？

这要看具体情况而定。如果是为了使所取的液体量准确，似乎要用水冲洗并倒入所盛液体的容器中，这就不必要了，因为在制造量筒时已经考虑到有残留液体这一点。相反，如果冲洗反而使所取体积偏大。如果是用同一量筒再量别的液体，这就必须用水冲洗干净，为防止杂质的污染。

注：量筒一般只能用于要求不是很严格时使用，通常可以应用于定性分析方面，定量分析是不能使用量筒进行的，因为量筒的误差较大。量筒一般不需估读，因为量筒是粗量器，但有时也需估读，如物理电学量器中的电流表，是否估读尚无定论。

8. 关于量筒仰视与俯视的问题。

在看量筒的容积时是看水面的中心点。

俯视时视线斜向下，视线与筒壁的交点在水面上所以读到的数据偏高。

仰视是视线斜向上，视线与筒壁的交点在水面下所以读到的数据偏低。

9. 量筒不能直接加热，不能在量筒里进行化学反应，不能在量筒里配置溶液的原因。

a. 量筒容积太小。

b. 不能在量筒内稀释或配制溶液，决不能对量筒加热。

c. 也不能在量筒里进行化学反应。

注意：在量液体时，要根据所量的体积来选择大小恰当的量筒（否则会造成较大的误差），读数时应将量筒垂直平稳放在桌面上，并使量筒的刻度与量筒内的液体凹液面的最低点保持在同一水平面。

d. 反应可能产生热。

注：一般来说量筒的直径越细越好，因为这样的精确度更高。

 知识点

布赫纳的实验与酶化学

德国人布赫纳从慕尼黑大学毕业后，便致力于化学的研究。他把全部精力都放在了细菌和酵母压榨液的实验研究上，目的是希望找出引起发酵的根本原因，并于 1885 年发表了他的第一篇论文"氧对发酵的影响"。为了了解发酵的本质，布赫纳进行了大量的实验。经过多次失败，终于在 1897 年，他从作为酵母压榨液的保存剂浓葡萄糖溶液中，意外地发现在没有酵母细胞存在的情况下，溶液也能发酵，后来的实验也证明了这个现象。由此他提出，引起发酵的物质是酶，并且首次成功地从活细胞中分离出细胞内酶。发酵作用被证明是一种酶促化学反应过程，并制得了具有发酵能力的酵母精。布赫纳的这一发现，为 100 年来发酵机制的难题提供了一把金钥匙。因此，布赫纳在 1907 年独享诺贝尔化学奖。

研 钵

研钵是实验中研碎实验材料的容器，配有钵杆，常用的为瓷制品，也有玻璃、玛瑙、氧化铝、铁的制品。用于研磨固体物质或进行粉末状固体的混合。其规格用口径的大小表示。

进行研磨操作时应注意：

1. 按被研磨固体的性质和产品的粗细程度选用不同质料的研钵。一般情况用瓷制或玻璃制研钵，研磨坚硬的固体时用铁制研钵，需要非常仔细地研磨较少的试样时用玛瑙或氧化铝制的研钵。注意，玛瑙研钵价格昂贵，使用时应特别小心，不能研磨硬度过大的物质，不能与氢氟酸接触。

2. 进行研磨操作时，研钵应放在不易滑动的物体上，研杆应保持垂直。大块的固体只能压碎，不能用研杵捣碎，

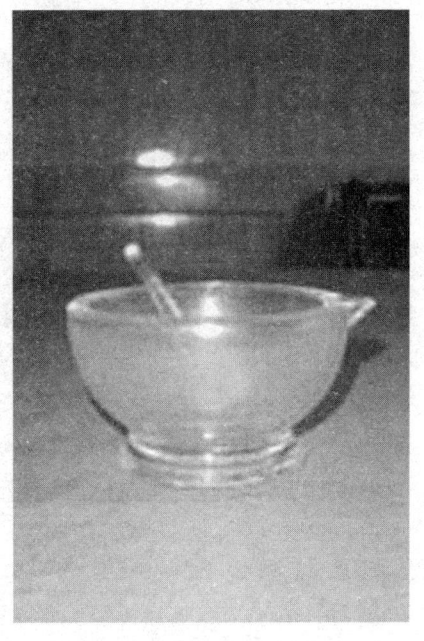

研 钵

否则会损坏研钵、研杵或将固体溅出。易爆物质只能轻轻压碎，不能研磨。研磨对皮肤有腐蚀性的物质时，应在研钵上盖上厚纸片或塑料片，然后在其中央开孔，插入研杵后再行研磨，研钵中盛放固体的量不得超过其容积的1/3。

3. 研钵不能进行加热，尤其是玛瑙制品，切勿放入电烘箱中干燥。

4. 洗涤研钵时，应先用水冲洗，耐酸腐蚀的研钵可用稀盐酸洗涤。研钵上附着难洗涤的物质时，可向其中放入少量食盐，研磨后再进行洗涤。

若研磨材料用于提取 DNA 或 RNA，用锡纸包裹后于烘箱内 180 度灭菌。

酒精灯

以酒精（乙醇，C_2H_5OH）为燃料的加热工具，用于加热物体。

酒精灯

组成

酒精灯的加热温度 400℃ ~ 500℃，适用于温度不需太高的实验，特别是在没有煤气设备时经常使用。

1. 酒精灯是由灯帽、灯芯和盛有酒精的灯壶三大部分所组成。

2. 正常使用的酒精灯火焰应分为焰心、内焰和外焰三部分。近年来的研究表明：酒精灯火焰温度的高低顺序为：外焰＞内焰＞焰心。一般认为酒精灯的外焰温度最高，其原因是酒精蒸气在外焰燃烧最充分；同时由于外焰与外界大气充分接触，燃烧时与环境的能量交换最容易，热量散失最多，致使外焰温度高于内焰。

3. 若要灯焰平稳，并适当提高温度可加金属网罩。

金属网罩可用废旧的铁窗纱自制。

操作方法

1. 新购置的酒精灯应首先配置灯芯。灯芯通常是用多股棉纱线拧在一起，插进灯芯瓷套管中。灯芯不要太短，一般浸入酒精后还要长 4 ~ 5 厘米。

对于旧灯，特别是长时间未用的灯，在取下灯帽后，应提起灯芯瓷套管，用洗耳球或嘴轻轻地向灯内吹一下，以赶走其中聚集的酒精蒸气。再放下套管检查灯芯，若灯芯不齐或烧焦都要用剪刀修整为平头等长。

2. 新灯或旧灯壶内酒精少于其容积 1/2 的都应添加酒精。酒精不能装得太满，以不超过灯壶容积的 2/3 为宜（酒精量太少则灯壶中酒精蒸气过多，易引起爆燃；酒精量太多则受热膨胀，易使酒精溢出，发生事故）。添加酒精时一定要借助小漏斗，以免将酒精洒出。燃着的酒精灯，若需添加酒精，必须熄灭火焰。绝不允许燃着时加酒精，否则，很易着火，造成事故。

3. 新灯加完酒精后须将新灯芯放入酒精中浸泡，而且移动灯芯套管使每端灯芯都浸透，然后调好其长度，才能点燃。因为未浸过酒精的灯芯，一经点燃就会烧焦。

4. 点燃酒精灯一定要用燃着的火柴，绝不可用燃着的酒精灯对火。否则，易将酒精洒出，引起火灾。

5. 加热时若无特殊要求，一般用

酒精灯火焰的构成

温度最高的外焰来加热器具。加热的器具与灯焰的距离要合适，过高或过低都不正确。与灯焰的距离通常用灯的垫木或铁环的高低来调节。被加热的器具必须放在支撑物（三脚架、铁环等）上或用坩埚钳、试管夹夹持，绝不允许手拿仪器加热。

6. 加热完毕或要添加酒精需熄灭灯焰时，可用灯帽将其盖灭。如果是玻璃灯帽，盖灭后需再重盖一次，放走酒精蒸气，让空气进入，免得冷却后盖内造成负压使盖打不开；如果是塑料灯帽，则不用盖两次，因为塑料灯帽的密封性不好。绝不允许用嘴吹灭。

7. 酒精灯不用时，应盖上灯帽。如长期不用，灯内的酒精应倒出，以免挥发；同时在灯帽与灯颈之间应夹小纸条，以防粘连。

因为酒精易挥发，易燃，使用酒精灯时必须注意安全。万一洒出的酒精在灯外燃烧，不要慌张，可用湿抹布或砂土扑灭。

酒精灯的主要用途

1. 作为热源灯具。

2. 进行焰色反应。

使用注意事项

1. 不能在燃着酒灯时添加酒精，酒精量不超其容积的 2/3，也不能少于 1/4。

2. 严禁用燃着的酒精灯去点燃，用酒精灯的外焰加热物质。

3. 熄灭时用灯帽盖灭，灯要斜着盖住，否则有危险。

4. 不用时盖好灯帽，以免灯芯留水难燃。

问题详解

众所周知，在化学实验中，很多实验离不开酒精灯。初三化学的开篇实验中，镁带的燃烧就需要用到酒精灯，这时候，我们老师通常的做法是，随带告诉学生酒精灯不能用嘴吹熄。但为什么不用嘴吹熄呢？不仅仅是我们的学生有这样的疑问，恐怕许多老师对这问题也是非常模糊，一般在教学过程中都是一笔带过，或者是有学生问到这一问题是，采取模糊处理。那么，为什么酒精灯不能用嘴吹灭呢？这是因为，用嘴吹可能引起灯壶内酒精燃烧，形成"火雨"。当用嘴吹灭酒精灯的时候，由于往灯壶内吹入了空气，灯壶内的酒精蒸气和空气在灯壶内迅速燃烧，形成很大气流往外猛冲，同时有闷响声，这时候就形成了"火雨"，造成危险。而且酒精灯中的酒精越少，留下的空间越大，在天气炎热的时候，也会在灯壶内形成酒精蒸气和空气的混合物，会给下次点燃酒精灯带来不安全因素。因此，不能用嘴吹灭酒精灯。

因为酒精易挥发，挥发后的酒精和空气的混合气体可以燃烧和爆炸，用嘴吹的话，可能使高温的空气倒流入瓶内，引起爆炸。

最好用盖盖住，切断氧气，来灭火，但是要立刻拿下来，不然盖子会在酒精灯上拿不下来。

现有酒精灯灯嘴与灯体分离，一旦灯体翻倒，会造成酒精外流，有引发火灾的危险。

一种安全酒精灯由灯帽、灯芯、带孔陶瓷灯芯座、酒精入孔塞、灯芯薄膜管、灯瓶、浮块及内塞构成。其特征是：带孔陶瓷灯芯座置于灯瓶的开口处，圆柱体形的工程塑料内塞位于灯瓶的颈部，它与灯瓶颈部成静配合关系，内塞上开有灯芯孔和酒精入孔。酒精入孔塞为上沿带帽、下沿倒角的圆柱体形工程塑料塞，浮块为聚乙烯发泡塑料块，其中心处开有一灯芯孔，内塞灯芯孔、浮块灯芯孔的直径与灯芯薄膜管的外径相同，灯芯薄膜管的一端插入内塞灯芯孔，另一端插入浮块灯芯孔，灯芯薄膜管两端的外壁和与之接触的灯芯孔内壁用玻璃胶黏结，灯芯则置于灯芯薄膜管中，其下端从浮块灯芯孔处伸出，伸出部分有10厘米以上浸没在酒精中，灯芯上端从内塞灯芯孔处伸出，再从带孔陶瓷灯芯座的孔中伸出。

 知识点

居里夫人的实验与镭

1898 年 7 月，居里夫妇从沥青铀矿分离出铋的成分显示强烈的放射性，比同样质量的铀强 400 倍。他们进一步确证，放射性并不是来自铋本身，而是混在铋内的一种微量元素，经过反复实验，从首先沉淀下来的渣物中找到了特别强的放射性物质——钋。

接着，他们继续进行分离实验，又发现钡盐中有更强的放射性，他们认为还有第二种物质，放射性更强，化学性质则与第一种完全不同，用硫化氢、硫化铵或氨都无法使之沉淀；这种新的放射性物质在化学性质上完全像纯钡，其氯化物可溶于水，却不溶于浓盐酸和酒精。由它可得钡的光谱。他们认为，这种物质中必定还有一种化学性质极其接近于钡，却能产生非常强烈的放射性的新元素。

他们进行了一系列的分离，得到越来越活泼的氯化物，其活性竟比铀大 900 倍以上。他们把这种新的放射性元素命名为镭。